U0158926

水电站垫层蜗壳组合结构
研究与应用

张启灵　黄小艳　胡蕾　著

中国水利水电出版社
www.waterpub.com.cn

·北京·

内 容 提 要

本书以我国水电站工程实践中广泛应用的垫层蜗壳组合结构为对象，针对其在内水压力作用下的结构受力表现及调控问题，围绕垫层平面铺设范围的选取、垫层材料的压缩特性及钢蜗壳-混凝土的接触传力等 3 个焦点问题，开展了相关的基础研究和应用研究工作，以期提升当前工程界和学术界对垫层蜗壳组合结构受力特性的认识水平，推动蜗壳结构受力调控设计理念的普及与发展。本书共 8 章，主要内容包括：绪论，垫层蜗壳的座环结构特性，蜗壳垫层平面铺设范围确定原则，蜗壳垫层材料的压缩特性，垫层材料非线性应力-应变关系的影响，基于软接触关系描述蜗壳垫层材料的数值方法，垫层蜗壳结构中钢衬-混凝土间的接触传力和结语等。

本书可供从事水电站建筑物结构教学、设计及科研工作的高校师生和工程师参考。

图书在版编目（ＣＩＰ）数据

水电站垫层蜗壳组合结构研究与应用 / 张启灵，黄小艳，胡蕾著. -- 北京 : 中国水利水电出版社，2020.9
ISBN 978-7-5170-9074-8

Ⅰ. ①水… Ⅱ. ①张… ②黄… ③胡… Ⅲ. ①水力发电站－垫层料－壳体(结构)－组合结构 Ⅳ. ①TV74

中国版本图书馆CIP数据核字(2020)第213309号

书　　名	水电站垫层蜗壳组合结构研究与应用 SHUIDIANZHAN DIANCENG WOKE ZUHE JIEGOU YANJIU YU YINGYONG
作　　者	张启灵　黄小艳　胡蕾　著
出版发行	中国水利水电出版社 （北京市海淀区玉渊潭南路 1 号 D 座　100038） 网址：www.waterpub.com.cn E-mail：sales@waterpub.com.cn 电话：(010) 68367658（营销中心）
经　　售	北京科水图书销售中心（零售） 电话：(010) 88383994、63202643、68545874 全国各地新华书店和相关出版物销售网点
排　　版	中国水利水电出版社微机排版中心
印　　刷	清淞永业（天津）印刷有限公司
规　　格	145mm×210mm　32 开本　5.625 印张　156 千字
版　　次	2020 年 9 月第 1 版　2020 年 9 月第 1 次印刷
定　　价	**35.00 元**

前言

　　伴随着近二十年来国内水电建设的高速发展，我国水电站的结构设计及相应机电设备的生产、制造和安装水平取得了长足的进步，部分关键技术指标（如机组单机容量、水轮机设计水头、流道管径等）不断创出新高，在诸多方面已走到了世界的最前列，其中蜗壳埋设技术水平已居世界领先地位。

　　水电站钢蜗壳位于引水发电系统的最末端，在其向水轮机提供沿圆周向流量均匀的水流用以发电的同时，自身也承受了巨大的内水压力。因此，工程师通常在钢蜗壳外围浇筑大体积混凝土将前者埋入其中，以确保电站的发电安全。与此同时，钢蜗壳外围的大体积混凝土又作为水电站厂房的下部结构，承受厂房上部结构及机墩与风罩传来的各类静、动力荷载。由此可见，无论是从发电还是结构功能看，钢蜗壳-混凝土组合结构（也称蜗壳组合结构）都在水电站中扮演了核心角色，因而其通常也被视为水电站的"心脏"。

　　在早期的水电站结构设计实践中，由于相关设计参数（如蜗壳内水压力）普遍相对较低，工程师一般倾向于使钢蜗壳与混凝土各自独立承载，即前者仅承受蜗壳内水压力，后者仅承受厂房上部荷载，以此简化蜗壳组合结构的设计过程、降低设计难度。然而，随着近年来我国建设的水电站规模日益增大，蜗壳承受的内水压力及管径（即 HD 值）等设计参数不断提高，如继续沿用上述钢蜗壳与混凝土独立承载的设计理念，将导致钢蜗壳的设计壁厚过大，从而极大增加了其制造安装难度，也带来了经济浪费。在此背景下，钢蜗壳-混凝土联合承载的设计理念逐渐成为行业主流，其核心思想是在适当允许蜗壳外围混凝土出现开裂（即混凝土按限裂要求设计）的前提下，考虑其与钢蜗壳联合承担内水压力，以此降低后者承载从而减小壁厚。

蜗壳组合结构联合承载设计的核心问题是如何采取适当的工程措施优化内水压力在两种组合构件（即钢蜗壳与混凝土）之间的分担比例及传递路径，充分发挥两者各自的结构承载作用。以上即是近年来在工程界越来越受到重视的蜗壳组合结构"受力调控"设计理念。而在工程实践中，一般是采用合适的蜗壳埋设技术达到蜗壳组合结构"受力调控"的目的。在建设相对较早的二滩、三峡一期（左岸）等大型水电站中，采用较多的是从欧美发达国家引进的充水保压技术，通过优化调整保压内水压力实现蜗壳组合结构的受力调控，但这种技术仅能实现蜗壳内水压力在钢蜗壳与混凝土之间分担比例的控制，可被认为是一种"标量"层面的调控。

随着对水电站运行安全要求的不断提高，上述对蜗壳组合结构受力在"标量"层面上的调控已无法全方位满足多目标设计需求。为此，工程师开始寻求一种既能控制蜗壳内水压力外传比例，又能调整其外传路径（方向）的新技术，以此实现蜗壳组合结构受力在"矢量"层面上的调控。在此背景下，蜗壳直埋-垫层组合埋设技术应运而生，其主要是利用在蜗壳上半表面的局部平面范围铺设垫层，以调整内水压力在相应局部区域的外传，从而在整体上实现对内水压力外传的定量和定向控制，达到调控蜗壳组合结构受力表现的目的。上述调控技术最具代表性的工程应用是在三峡二期（右岸）15号机组蜗壳的埋设中，随后又相继被成功应用于溪洛渡、向家坝等大型水电站的700MW及以上级机组中，目前已发展成为我国大型常规水电站（如乌东德、白鹤滩等）蜗壳埋设的首选技术。

可以看出，在直埋-垫层组合埋设技术框架下，垫层是被视为一种介于钢蜗壳和混凝土之间的结构受力调控工具，而科学地掌握垫层这种工具的"使用方法"则是应用此项技术实现蜗壳组合结构受力调控的首要前提。基于这一认识，本书作者近年来在国家自然科学基金（51679013、51309030、51609020）及中央级公益性科研院所基本科研业务费（CKSF2016015/GC、CKSF2012039/GC、CKSF2017067/GC）等项目的资助下，围绕垫层平面铺设范围的选取、垫层材料的压缩特性及钢蜗壳-混凝土的接触传力等3个焦点问题，开展了较为系统的物理试验及数值模拟工作，以期提升当前工程界和学术界对垫层蜗壳组合结构受力特性的认识水平，为蜗壳工程实践中科学发挥垫层材料的"调控传力"功能提供科学依据。

本书 3 位作者在攻读研究生阶段均师从数十年来一直活跃于我国水电站压力管道行业一线的武汉大学伍鹤皋教授，书中多数的学术思想和观点是在作者就读伍教授门下及参加工作后向伍教授进一步请教的过程中逐渐形成的，作者也借此机会向伍教授长期以来无私的传道授业表示感谢！书中关于蜗壳组合结构的受力调控设计理念最早源于作者在 2009 年与时任中国水电顾问集团西北勘测设计研究院副总工程师的姚栓喜先生的多次交流，本书部分研究工作的出发点是受姚总当年比较超前的蜗壳设计理念的启发而形成，作者也借此机会向姚总当年的传经布道表示感谢并致以敬意！本书第 4~7 章内容为作者参加工作后完成，在此要特别感谢长江水利委员会长江科学院工程安全所李端有所长一直以来给作者提供的相对宽松的科研环境！本书部分内容已于近年在国内外学术期刊发表，值此，由衷地感谢各位匿名审稿人对作者工作提出的意见、建议和鼓励！最后，感谢中国水利水电出版社在本书出版过程中付出的辛勤工作！

目前，国内关于水电站建筑物尤其是专门针对蜗壳组合结构研究的专著还相对较少，作者谨将过去十多年的一些研究成果作为本书的主体内容，期望能给从事水电站建筑物结构研究的同行提供一些有益的参考，也期望通过本书为蜗壳组合结构受力调控的设计理念在我国的普及与传播贡献绵薄之力。限于作者的水平及时间仓促，书中难免存在错误和不妥。凡此，敬请各位同行专家和读者不吝赐教。

作者
2020 年 4 月于武汉

目录

第1章

绪　　论

1.1　引言

1.1.1　中国水电开发的现状与趋势

　　能源是经济和社会发展的重要物质基础。工业革命以来，世界能源消费剧增，煤炭、石油、天然气等化石能源资源消耗迅速，生态环境不断恶化，特别是温室气体排放导致日益严峻的全球气候变化，人类社会的可持续发展受到严重威胁。水能作为可再生能源的重要组成部分，资源潜力大，环境污染低，相关开发利用技术较为成熟，是一种有利于人与自然和谐发展且可持续获取的重要能源。

　　国际水电协会（International Hydropower Association）在其《2020 水电状况报告》中发布的数据显示[1]，截至 2019 年年底，世界水电总装机为 1308GW，其中中国的装机达到 356GW，约占世界总装机数的 1/4，总量位居世界第一。尽管中国已成为世界上水电发电量最大的国家，但水电开发程度与发达国家相比仍有较大差距。从长远看，中国要兑现在巴黎气候大会上作出的承诺，水电作为可开发程度最高、技术相对成熟的清洁可再生能源，将是未来很长一段时间内国家推动能源生产和利用方式变革、应对气候变化的重要手段。

　　自"十二五"中后期以来，中国水电行业的发展逐渐从大规模集中开发进入到适度有序开发阶段。随着经济可开发水资源的开发完毕，一些开发难度相对较大的工程逐步进入规划设计阶段。相比于此前，未来建设的水电站正向着单机容量大、运行水头高的方向发展，水电站的结构设计将面临诸多更具挑战性的问题。

1.1.2　水电站蜗壳组合结构简介

典型的水电站通常由两大类建筑物组成：①枢纽建筑物；②引水发电建筑物。枢纽建筑物主要包括挡水、泄水和过坝等用以发挥工程防洪、灌溉、航运等综合效益的建筑物，它们构成了水利水电工程的主体。引水发电建筑物又可分为引水建筑物和发电建筑物两类，前者包括进水口、引水管道、前池或调压室、尾水管等，后者包括水电站厂房及其附属建筑物（如变电站、开关站等）。库水通过引水系统进入厂房推动水轮机做功发电，即厂房是整个水电站完成水能向电能转化的场所，可被视作水电站的发电核心结构。

在结构设计实践中，水电站厂房在垂直方向通常被视作相对独立的三部分：上部结构、机墩与风罩、下部结构。上部结构与一般工业厂房类似，主要包括屋盖系统、起重机梁、构架、各层板梁柱、围护结构等，是机组运行和管理的主要工作场所；机墩与风罩位于上部和下部结构之间，外围与各层楼板连接，内部给水力发电机组提供结构支撑和封闭运行环境；下部结构以大体积混凝土为主体，内设水轮机蜗壳及尾水管等流道系统，水流在下部结构中完成与水轮机之间机械能的转移。水电站下部结构位于引水系统的末端，是整个引水发电系统中承受内水压力最大的部分，因而其内部（即蜗壳内壁）往往需设置一定厚度的钢衬，以此满足下部结构较高的承载要求。这种按照承受内压设计的钢衬也被称为钢蜗壳，其与外包大体积混凝土形成一种特殊的钢-混凝土组合结构，工程实践中为便于描述，通常将这种钢蜗壳-混凝土组合结构简称为金属蜗壳组合结构，或更简单地称之为金属蜗壳结构。

上述的金属蜗壳结构通常用于中高水头电站，钢蜗壳的断面一般为圆形（少数也有椭圆形的情况）；而对于低水头的河床式电站，由于厂房下部结构承受内水压力较小，一般不专设承载的内衬，内水压力全部由钢筋混凝土结构承担，为增大过流能力，流道的断面一般设为梯形，这种蜗壳被称为钢筋混凝土蜗壳。由于钢筋混凝土蜗壳不在本书讨论范围，为简化描述，全书在文字中不对金属蜗壳和钢筋混凝土蜗壳作专门区分，所述"蜗壳结构"单指"金属蜗壳结构"，而非两种蜗壳结构型式的统称含义，在此特别说明。

1.1.3　蜗壳结构的分类

蜗壳结构承受的主要荷载为内水压力，其直接作用于钢蜗壳内表面，通过钢蜗壳膨胀变形向外围大体积混凝土结构传递，即内水压力被钢蜗壳和混凝土共同承担。与一般钢-混凝土组合结构类似，蜗壳结构设计中的核心问题是如何合理地发挥两种承载构件各自的承载能力。在工程实践中，工程师通常采用特殊的蜗壳埋入技术调控内水压力在钢蜗壳和混凝土之间的分担比例，以达到上述目的。由此蜗壳结构可按钢蜗壳埋入混凝土方式的不同分为 3 类：垫层蜗壳、充水保压蜗壳和直埋蜗壳[2]。

垫层蜗壳是指在浇筑钢蜗壳外围混凝土之前事先在钢蜗壳上半部外表面除靠近座环上环板区域外铺设变形模量较小的材料，目的是更好地发挥钢蜗壳的承载能力，减小蜗壳内水压力外传至混凝土的比例。该技术已在我国龙滩、拉西瓦、三峡（部分机组）等单机容量 700MW 级的水电站中得到了成功应用。图 1.1 是某垫层蜗壳的施工实景。

充水保压蜗壳是指在钢蜗壳安装好后，蜗壳内充水加压，同时浇筑外围混凝土，待混凝土凝固后撤去内压，使得钢蜗壳和混凝土之间形成初始缝隙，这种特殊的埋设技术使得蜗壳结构的承载可被视为两个相对独立的部分，其中小于充水保压值的部分几

图 1.1 某垫层蜗壳的施工实景

乎全部由钢蜗壳单独承担，高出的部分由钢蜗壳和混凝土共同承担。这种埋设技术使得钢蜗壳和混凝土受荷分配明确，便于调控。该技术已在我国小湾、三峡（部分机组）等单机容量 700MW 级的水电站中得到了成功应用。图 1.2 是某充水保压蜗壳的施工实景。

直埋蜗壳也被称为完全联合承载蜗壳，是指在钢蜗壳安装好后，直接浇筑混凝土，使得机组运行时全部内水压力由钢蜗壳和混凝土联合承担。这种型式的优点是可以减薄钢蜗壳钢板厚度，降低钢蜗壳的制造难度，取得经济效益，且结构整体性较强。苏联是迄今实现了真正意义上完全联合承载蜗壳（即钢蜗壳减薄，采用中等强度钢板，不按承受全部内水压力设计）的唯一国家，此技术已成功应用于努列克（Nurek）、英古里（Inguri）和萨扬·舒申斯克（Sayano-Shushenskaya）等大型水电站。在日本和一些欧美国家，采用直埋技术的蜗壳也较多，但这些国家的钢蜗壳是按单独承受全部内水压力设计制造的，并不因其外围混凝土的

图 1.2 某充水保压蜗壳的施工实景

联合承载作用而将其厚度减薄。迄今我国尚无直埋蜗壳应用于实际水电站工程。

1.2 垫层蜗壳埋设技术的发展

垫层蜗壳是我国应用较早、较普遍的结构型式。如前所述，垫层蜗壳的结构特点是在浇筑钢蜗壳外围混凝土之前事先在钢蜗壳上表面铺设变形模量较小的垫层材料（厚度一般采用 20～50mm，见图 1.3）。早期工程实践中，为了充分发挥钢蜗壳的承载力，减少蜗壳内水压力外传至混凝土的比例，垫层铺设范围一般较大，平面末端往往设置在蜗壳 270°子午断面附近［此时图1.3（a）中 $\alpha = 270°$］，这即是传统意义上的"垫层蜗壳"。近年来，工程设计人员从优化水电站厂房结构设计的角度出发，开始尝试更为灵活地设置垫层铺设范围［即图 1.3（a）中 α 在 0°～270°之间取某一值］，这也被称为"直埋-垫层组合埋设技术"。无论是传统意义上的垫层蜗壳还是新兴的直埋-垫层组合型式蜗壳,在垫层铺设范围内的子午断面都有相同的结构特点,即钢蜗壳与外围混凝土之间铺设有压缩模量较小的材料。基于这一认识,本书作者将直埋-垫层组合型式蜗壳视作为广义上的垫层蜗壳,传统狭义的垫层蜗壳($\alpha=270°$情况)则可被归为直埋-垫层组合型式蜗壳(广义垫层蜗壳)的一种特例。

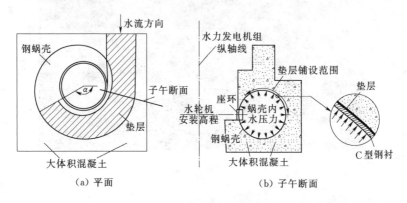

（a）平面 　　　　　　　　　（b）子午断面

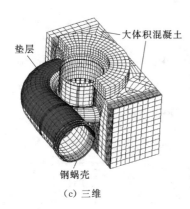

（c）三维

（d）上铺垫层的钢蜗壳

图 1.3　垫层蜗壳结构

不同蜗壳埋设方式对蜗壳结构的受力特性影响很大。传统观点认为,各种结构型式蜗壳都有自身的优缺点,很难说某种型式完全优于其他型式[2]。长江勘测规划设计研究院对三峡工程建筑物设计关键技术问题的研究与实践表明,垫层、充水保压和直埋-

垫层组合型式 3 种埋设方式的蜗壳监测值均在设计控制指标内，机组安全，运行稳定[3]。该院机电设计部门认为，从钢蜗壳承载比、结构配筋量、工程投资、施工工期和难度等方面比较，采用垫层埋设方式是合理的[4]；并提出直埋-垫层组合方案是有应用前景的理想的埋设方案[5]。该院土建设计部门认为，从结构静动力设计、施工、工程投资和经济效益等方面比较，垫层和直埋-垫层组合埋设方式要优于充水保压埋设方式，采用直埋-垫层组合埋设方式的机组，综合运行指标更优[6]。在三峡水电站蜗壳埋设方式比较选择的问题上，由于直埋-垫层组合型式的出现，往往存在意见分歧的机电设计方和土建设计方取得了一致看法。继三峡水电站之后，近年来我国已建或待建的大型水电站蜗壳结构多采用直埋-垫层组合方案，设计关注的焦点已由不同埋设方式的比选转为垫层物理力学参数及铺设范围的优选，垫层蜗壳（直埋-垫层组合型式蜗壳）已成为当前我国大中型常规水电站蜗壳埋设方式的首选方案。

1.3 垫层蜗壳研究历程中的两个重要进展

1.3.1 钢蜗壳与外围混凝土联合受力

早期有关垫层蜗壳结构的研究一般假设钢蜗壳与外围混凝土单独受力，研究更多结合实际工程，为工程建设服务。苏联学者针对萨扬·舒申斯克水电站，将垫层蜗壳结构型式作为备选方案之一，通过模型试验方法研究了结构静力强度、位移和混凝土限裂问题[7-8]。Khalid 等曾将蜗壳结构简化为框架结构，采用有限元法得到了结构应力分布[9]。20 世纪 70 年代末，电力工业部西北勘测设计院黄家然等对碧口水电站（单机容量 100MW）垫层蜗壳结构进行了实测应力状态分析，在当时的技术条件下得到了弹性垫层能够使得钢蜗壳与外围混凝土完全独立工作的主要结论[10-11]。

进入 20 世纪 80 年代后，随着各研究者对原型观测数据的深入分析[12-14]以及有限元数值模拟技术的发展[15-16]，学术界开始认识到垫层并不能完全隔断钢蜗壳与外围混凝土之间的传力途径，对垫层蜗壳结构研究需要考虑钢蜗壳与外围混凝土联合受力。学术界对这一问题的认识极大促进了垫层蜗壳结构研究的发展，为随后众多关于垫层材料属性、空间属性（铺设范围）与蜗壳结构受力特性联系的研究提供了重要前提，这成为垫层蜗壳结构研究的一个重要进展。

1.3.2 钢蜗壳与外围混凝土之间滑动摩擦

早期各学者对垫层蜗壳结构进行有限元数值分析时，由于认识上的欠缺以及计算条件的限制，一般未考虑钢蜗壳与混凝土之间的相对滑动和摩擦，导致计算结果与实际情况相差较大。常见的结果包括：蜗壳子午断面内铺设垫层范围和未铺设垫层范围混凝土受力差异很大；垫层铺设末端附近混凝土应力集中明显；钢蜗壳顶部截面的混凝土拉应力水平偏低。

20 世纪 90 年代，东方电机股份有限公司、机械部信息中心和能源部西北勘测设计研究院 3 家单位合作，对龙羊峡水电站垫层蜗壳结构进行三维非线性有限元分析，计算中将垫层作三维非线性接触处理，但未考虑钢蜗壳与混凝土之间的滑动[16]。直至21 世纪，随着接触非线性有限元分析技术的发展，学术界开始关注钢蜗壳与外围混凝土之间的滑动摩擦问题。大连理工大学马震岳等的研究表明考虑钢蜗壳与外围混凝土之间的摩擦接触更为合理，摩擦系数的影响较小[17]。武汉大学伍鹤皋和申艳等针对某大型水电站垫层蜗壳结构，在没有考虑钢蜗壳与外围混凝土之间摩擦力的前提下对结构进行接触分析和仿真分析，结果表明与常规共节点模型相比，考虑钢蜗壳与外围混凝土的接触关系能更好地反映蜗壳联合承载结构的实际应力状态，得到的钢蜗壳与钢筋应力以及裂缝开展情况更合理[18-19]。中国水利水电科学研究院欧阳金惠等采用节点对接触非线性模型模拟蜗壳与外围混凝土以及垫层之间的传力状态，进行了三峡水电站厂房结构的振动非线性分析，与共节点模型的计算结果对比后发现，对于蜗壳、座环和固定导叶接触模型能更为合理地模拟实际结构的传力特性[20]。天津大学王海军等的研究表明考虑钢蜗壳滑移可以提高钢衬的利用率，降低外围混凝土承担的内水压力[21]。于跃等的研究发现，在对垫层蜗壳结构进行有限元分析时，考虑接触摩擦是必要的，对摩擦系数 f 应慎重取值[22]。孙海清等通过在钢蜗壳与外围结构之间建立三维面-面接触单元，研究了接触作用和摩擦系数对蜗壳结构应力的影响，结果表明考虑接触作用与否对垫层蜗壳结构的应力影响较大，摩擦系数的改变会影响垫层蜗壳结构的应力分布[23]。

从以上研究进展看，考虑钢蜗壳与混凝土及垫层之间的相对滑动和摩擦已成为垫层蜗壳结构有限元计算的基本前提，这也把握住了垫层蜗壳结构一个重要的受力响应特点，使数值模拟对实际情况的描述有了质的突破，成为了垫层蜗壳结构研究的又一重要进展。

1.4　垫层蜗壳研究的新焦点

1.4.1　垫层的平面铺设范围

在垫层蜗壳的发展实践历程中，垫层铺设范围一直是工程师关注的主要问题之一。在直埋-垫层组合型式蜗壳兴起之前，工程界更多关注的是垫层在蜗壳子午断面内沿钢衬圆周向延伸范围对内水压力外传的影响规律，并基于对这种规律的认识优化垫层的铺设范围，以调控内水压力在钢蜗壳和混凝土之间的分担比例。经过多年的研究与工程实践，目前学术界与工程界对于垫层在蜗壳子午断面内的铺设范围问题已形成共识[24-27]：垫层上端铺设起点宜距离座环上环板一定距离，使得钢蜗壳在靠近座环的局部范围与混凝土联合承担内水压力，以避免此处出现过大的局部弯曲应力；垫层下端的铺设终点可在蜗壳腰线附近一定范围内灵活设置，向下延伸可以增大钢蜗壳的内压承载比，有利于混凝土的受力。

近年来随着直埋-垫层组合型式蜗壳的应用推广，垫层平面铺设范围对蜗壳结构受力特性的影响逐渐成为研究热点。有关这一问题最具代表性的是有关三峡水电站右岸15号机组蜗壳结构物理模型试验[28]和有限元数值模拟[29-31]的系列研究。模型试验[28]的结果表明，仅从钢蜗壳和钢筋的应力水平以及混凝土的限裂等角度评价，三峡水电站15号机组蜗壳结构采用直埋技术是可行的，"结构安全"是有保障的；但有限元数值模拟[29-31]的结果表明，15号机组若采用蜗壳直埋技术，则蜗壳外围混凝土开裂后机组机墩结构不均匀上抬变形量可能达到2～3mm。由于担心此种量级的机墩不均匀上抬可能造成水力发电机组纵轴线的过大偏心或倾斜，对水电站的"发电安全"产生不利影响，最终15号机组放弃了原定采用的蜗壳直埋技术。进一步的研究发现，垫层平面铺设范围延伸至蜗壳45°断面可以有效降低结构上抬位移[30,32]。基于上述系列研究成果，综合考虑"结构安全"和"发电安全"两方面因素，三峡水电站15号机组蜗壳结构最终选定了直埋-垫层组合埋设技术（垫层平面铺设范围延伸至蜗壳45°断面）。

可以看出，直埋-垫层组合埋设技术最初是为解决厂房机墩结构不均匀上抬问题而提出的，其思路是通过在管径较大的蜗壳子午断面设置垫层，以控制机墩在大管径断面的过大上抬，从而使得机墩的上抬位移沿其圆周向分布尽可能均匀。随着直埋-垫层组合埋设技术的普及与推广，工程界对此种蜗壳结构型式的认识也在逐步加深。西北勘测设计研究院姚栓喜等在国内率先关注了直埋-垫层组合型式蜗壳中不平衡水推力的分配问题，其主要观点是垫层在水平面内的局部铺设可能造成座环承受较大的不平衡水推力，对座环的抗剪不利，并针对该问题提出了适宜的垫层平面铺设范围[33]。随后武汉大学和大连理工大学等单位的学者对座环受剪和流道受扭等问题开展了系统的工作，研究结果表明针对不同的结构受力关注点，不存在统一的垫层平面铺设适宜范围，由此垫层平面铺设范围的选取也由起初的单目标优化问题（仅考虑机墩结构不均匀上抬）变为多目标优化问题（综合考虑座环受剪和流道受扭等问题)[34-37]。

从已有的研究成果可以看出，学术界对垫层子午断面铺设范围如何影响蜗壳结构受力特性更多是针对某一个蜗壳子午断面，从钢蜗壳和混凝土各自承担内水压力比例的角度开展研究，而对座环、机墩和流道整体结构受力特性关注不多；关于垫层平面铺设范围对蜗壳结构受力特性的影响起步相对较晚，目前工程界和学术界在这一问题上已取得了初步的共识，但有关研究更多针对的是某一具体工程，对其中发现的规律性认识缺乏系统的总结，尚未从垫层平面铺设范围变化的力学实质层面完全解释蜗壳结构受力响应行为变化的原因。随着工程界对蜗壳结构多目标受力调控要求的提高，作为主要调控参数的垫层平面铺设范围将成为垫层蜗壳研究的焦点之一。

1.4.2 垫层材料的压缩力学性能及其数值描述

在传统的垫层蜗壳研究中，由于对垫层传力作用的重视程度不够及认识上的不足，通常简单地将垫层材料视为理想线弹性材料开展相关计算工作。在上述前提下，关于垫层压缩力学性能对蜗壳结构受力特性影响的定性研究已经比较深入，结论比较明确，可以归纳为两类：①垫层压缩模量的大小对钢蜗壳和混凝土结构各自承担内水压力的比例影响很显著，随着垫层压缩模量减小，由钢蜗壳承担的内水压力比例变大，外传至混凝土结构的内水压力比例降低；②垫层厚度与压缩模量比（d/E）可以作为垫层影响蜗壳结构受力特性的统一参数指标。另外，在计算实践中，由于模拟不同厚度的垫层需要对数值模型网格进行几何上的修改，尤其针对三维模型，修改的工作量较大，因此为了节省工作量，工程科研人员一般并不直接修改数值模型网格，而是基于上述认识②，认为具有相同厚度与压缩模量比（d/E）的垫层对蜗壳结构受力特性的影响是等效的，进而通过在有限元计算中改变垫层材料的压缩模量间接考虑垫层厚度的影响。

然而，从近几年有关各类蜗壳垫层材料压缩特性的初步研究成果看，不同垫层材料压缩特性差异很大，应力-应变并不满足线弹性关系；水电站实际运行时蜗壳结构受内水压力反复加-卸载作用，垫层在长期存在的复杂加-卸压条件下会出现一定残余变形[38-40]。由此可见，简单用线弹性材料本构模型描述垫层材料压缩特性与实际情况差异较大；同时，基于对垫层材料线弹性简化的前提，简单认为 d/E 相同的垫层对蜗壳结构的影响具有等效性也是值得商榷的。上述对垫层材料的线弹性假设存在的根源一方面在于在过去很长一段时期内，工程界对垫层在蜗壳结构中作用的认识一直停留在"减力"或"传力"层面，未将垫层视为一种调控蜗壳结构受力状态的媒介或工具，此为工程层面的认识和重视不足问题。更深层次的原因在于目前有关水电站蜗壳垫层材料力学特性的理论研究成果不多，尤其缺乏对复杂加-卸压条件下垫层材料的压缩-回弹响应机制的深入认识和探索，因而尚不具备对其复杂的压缩力学特性进行数值解译的应用基础条件，此为科学层面的研究匮乏问题。

随着近年来直埋-垫层组合型式蜗壳结构的逐步应用与推广，工程师对蜗壳结构受力调控的要求不断提高，继续基于垫层材料的线弹性假设开展相关设计及计算研究工作已无法满足工程实践的需求，在一定程度上限制了垫层"调控传力"作用的发挥，阻碍了蜗壳直埋-垫层组合埋设技术的发展。如何合理认识与把握复杂加-卸压条件下垫层材料的压缩-回弹力学性能并探寻其合理的数值表现方式是水电行业不可回避、亟待解决的技术瓶颈问题，该问题也是当前有关垫层蜗壳研究的焦点之一。

1.4.3 垫层蜗壳结构中的钢衬脱空问题

由图 1.3（b）可以看出，蜗壳结构子午断面内的 C 型钢衬关于水轮机安装高程上下对称，在靠近机组纵轴线的一侧与座环焊接为一个整体，组成流道结构。若混凝土与钢衬外表面在蜗壳加载前紧密接触（无垫层铺设，即直埋状态），则蜗壳加载后 C 型钢衬内表面受近似均匀的径向水压力，外表面受结构刚度远大于自身的大体积混凝土的包裹作用；此时，钢蜗壳的膨胀力学行为及其与外围混凝土之间的接触传力机制相对简单，两者以协调的径向膨胀变形为主，相互之间的环（切）向滑动可以忽略[23]。

然而，如图 1.3（b）所示，子午断面内 C 型钢衬腰线以上部分区域铺设垫层后，钢衬-混凝土二元组合结构变为钢衬-软垫层-混凝土三元组合结构，此时钢衬下半部有向约束作用较小的上半部运动的趋势，运动存在两种可能的形式：①由于钢衬与混凝土之间除摩擦作用外，无切向约束，钢蜗壳承受内水压力后，下半部钢衬可能紧贴混凝土内表面沿其切向向上滑移；②钢衬上下极不均匀的径向变形可能引起下半部钢衬整体的上抬位移，在内水压力的作用下向上"挤占"软垫层的空间。若是上述运动形式①出现，子午断面内垫层铺设末端附近钢衬-混凝土界面可能产生径向分离，即出现局部脱空区[41]；如果上述运动形式②出现，钢衬下半部可能在子午断面内环向的较大范围与混凝土分离，出现较大范围的脱空区。脱空区的出现将不利于混凝土对钢蜗壳的嵌固作用，降低组合结构的整体性，从而不利于机组的抗震[42]。正是出于此种担心，在 20 世纪 90 年代经过较长时间关于三峡水电站蜗壳埋设方式的技术争论，基于当时对此问题的认识水平，三峡总公司决定三峡水电站左岸地面厂房 14 台机组全部采用充水保压蜗壳，而放弃了成本较低且节约工期的垫层蜗壳型式[43]。21 世纪建设的拉西瓦和龙滩等大型水电站在论证采用垫层蜗壳型式的过程中也由于类似原因遇到了水轮机生产厂方的较大阻力[44]。

可以看出，在工程实践中，工程师已定性地认识到钢蜗壳上表面铺设的垫层会削弱混凝土对钢蜗壳的包裹和嵌固作用，从而担心由此可能引起的钢蜗壳脱空对机组运行的影响问题,此种担心也在一定程度上制约了垫层蜗壳型式的推广和发展。因此,必须从钢蜗壳-混凝土传力机制的层面澄清两者非完全接触(脱空)状态的潜在形式、来源及其影响因素,才能从根本上消除工程界有关钢蜗壳上表面铺设垫层可能影响机组稳定运行的顾虑,从而推动垫层蜗壳型式更好地发展。

1.5 本书的主要工作

围绕 1.4 节提到的关于垫层蜗壳结构的 3 个焦点问题,本书开展了以下工作:

(1) 第 2 章和第 3 章主要针对蜗壳垫层的平面铺设问题开展了相关工作,其中第 2 章主要研究了近年来越来越受到重视的座环结构受力表现问题,相关成果为垫层平面铺设范围的合理选取提供了参考;第 3 章在综合考虑了工程界普遍关注的机墩变形、座环变形、座环抗剪及流道受扭等问题的基础上,给出了针对各因素的较优垫层平面铺设范围,并初步探讨了垫层平面铺设范围的确定原则。

(2) 第 4~6 章主要针对垫层的压缩力学特性及其数值模拟问题开展了相关工作,其中第 4 章首先开展了循环加-卸压条件下聚氨酯软木与聚乙烯闭孔泡沫等两种常用的水电站蜗壳垫层材料的物理压缩试验工作,而后在 ABAQUS 平台上数值重现了单次加-卸压循环中垫层材料的非线性压缩-回弹响应过程;在此基础上,第 5 章以拉西瓦水电站工程为例,研究了垫层材料非线性压缩力学特性对蜗壳结构受力表现的影响问题;第 6 章针对有关垫层几何建模及残余变形描述等方面的数值模拟难题,发展了一种基于软接触关系的垫层模拟新技术,其可靠性得到了相关试验数据的验证。

(3) 第 7 章主要针对钢蜗壳与混凝土之间的非线性接触传力问题,开展了相关理论分析与数值模拟研究工作,提出了钢蜗壳下半部薄壁结构的半圆筒简化受力分析模型，探明了垫层蜗壳结构中削弱混凝土对钢衬包裹和嵌固作用的 3 个主要结构性因素，并澄清了其中对于两者接触状态影响最为敏感的因素；同时，第 7 章还探讨了由蜗壳钢板焊缝构造引起的非平滑接触面对钢衬-混凝土间传力行为的影响问题。

第2章

垫层蜗壳的座环结构特性

2.1 座环结构概述

2.1.1 座环简介

座环作为水轮机的承重部件,位于活动导叶的外围,是由上下环板和中间若干立柱焊接而成的整体钢结构,其外缘与钢蜗壳焊接,内缘与水轮机顶盖和底环相固定。水轮机的轴向水推力、水轮发电机组的重量及座环以上厂房混凝土的重量等荷载主要由座环承受并传至厂房基础。同时,在水轮机主要零部件的装配中,它又是一个主要的基准件,是最早安装的部件之一。另外,座环也是过流部件,自压力钢管引来的水流通过蜗壳,绕流经过座环立柱和导叶,然后从辐向均匀地进入转轮。为了减小水力损失,立柱的断面也作成翼形,由于它形似导叶但不能转动,所以也被称为固定导叶。固定导叶断面形状、数量和分布位置根据水力和强度计算确定。靠近尾部的几个固定导叶设计成空心,作为顶盖自流排水的通道。座环下环板底面设置有地脚螺栓、楔板和千斤顶的平台,便于安装时调整和固定。

大型座环因受运输限制,可分为二瓣、四瓣或六瓣,用螺栓组合。基于座环结构特点及其重要性,设计上要求座环应有足够的强度和刚度。图 2.1 为某实际座环结构的吊装场景。

图 2.1 某实际座环结构的吊装场景

2.1.2 座环结构设计中的一般考虑

通常座环结构设计由水轮机厂家、即机电设计方负责，设计中外荷载一般只考虑蜗壳内水压力，有限元模型只包括钢蜗壳和座环等钢结构，即不考虑钢蜗壳和外围混凝土联合受力[45-46]。钟苏等从拓扑结构、几何形状、板厚尺寸三个方面，系统地阐述了影响混流式水轮机蜗壳座环强度的主要因素[47]。庞立军等以某电站水轮机金属蜗壳座环为例，应用 ANSYS 软件对蜗壳座环进行有限元计算，通过有限元分析和 ASME 规范的应力强度评定标准对蜗壳座环进行强度评估，使计算过程中产生的局部高应力得到合理解释和控制[48]。但文献［47］和文献［48］的研究同样未考虑蜗壳和外围混凝土联合受力。文献［49］针对充水保压蜗壳和垫层蜗壳两种结构型式进行了蜗壳座环刚强度分析，并将结果与不考虑蜗壳和外围混凝土联合受力情况时对比，发现是否考虑蜗壳和外围混凝土联合受力对蜗壳座环应力分布影响是比较明显的，但该研究模型选取范围有限，荷载考虑简单。

2.2 不平衡水推力

上述关于钢蜗壳和座环结构的单独承载设计主要考虑的是两

者在内水压力作用下的受拉强度问题，对于钢蜗壳为各子午断面内钢衬的环向受拉及水平面内整体的蜗向受拉，对于座环上下环板为水平面内的环向受拉，对于座环立柱则为竖直向的轴向受拉。上述这种设计思想实质上是将钢蜗壳和座环的整体结构视为一种压力容器，在内压的作用下结构以膨胀变形为主。但与一般的压力容器相比，钢蜗壳并非封闭的空间结构，其上游开口（进水口）导致钢蜗壳受到一个不平衡水推力的作用，此力实质是钢蜗壳所受内水压力的合力，大小为进水口的面积与内水压力的乘积，沿进水口轴线指向下游。此不平衡水推力通过钢蜗壳和座环传递给混凝土结构，当钢蜗壳采用充水保压或垫层埋设技术埋入混凝土时，由于保压间隙或垫层削弱了混凝土对钢蜗壳的包裹作用，座环将承受较大比例的不平衡水推力，此力主要以座环下环板底面与混凝土之间的剪力形式向外界传递。由此可见，对于钢蜗壳和座环结构除需考虑其自身强度外，还需关注两者作为一个整体与外围混凝土分担不平衡水推力的问题，当前两者分担比例过大时，可能会造成座环下环板底面与混凝土之间的连接构件受剪破坏。

近年来，已有越来越多的研究开始关注由不平衡水推力引起的座环受剪问题，此问题涉及不平衡水推力在钢蜗壳-混凝土组合结构中的分配问题，因而计算时必须考虑钢蜗壳与外围混凝土的联合承载作用。已有研究表明，对于充水保压蜗壳，钢蜗壳和座环承受的不平衡水推力与充水保压值正相关[50]；而对于垫层蜗壳，则与垫层的材料属性及铺设范围有关[33-37]。座环的抗剪问题也由此成为了垫层平面铺设范围选取的主要考虑因素之一，成为了近年来的研究热点。

鉴于座环的受力问题已成为垫层蜗壳结构研究中的重点，其与钢蜗壳和混凝土的联合受力有密切联系，本章将结合一实际工程垫层蜗壳结构，在考虑蜗壳和外围混凝土联合受力的前提下，采用三维有限元方法重点研究座环结构特性，为下一步垫层平面铺设范围的相关问题研究奠定基础。

2.3 计算条件

2.3.1 工程概况

以向家坝水电站为例，该水电站位于金沙江下游河段，具有发电、航运、防洪、漂木及灌溉等综合利用效益。电站共安装 8 台单机容量 800MW 机组。蜗壳采用垫层结构型式，进口断面直径为 12.2m，最大设计内水压力为 1.58MPa，管壳厚度为 21～82mm。垫层厚度为 30mm，子午断面内垫层下末端铺至腰线，上末端距机井里衬 2.5m，蜗壳直管段上半周 180°范围全部设垫层，直管进口至下游 3.5m 范围管道四周 360°全部设垫层；垫层平面铺设范围从直管段一直设到蜗壳 270°断面。座环共 24 个固定导叶，高 3.42m；上下环板内径 6.43m，外径 7.41m，厚 0.23m。

由于电站地面厂房与大坝之间设伸缩节，蜗壳直管段设有 3 道加劲环，加劲环间距 1m，厚度 34mm，高 300mm。加劲环四周 360°全部设垫层，垫层厚度为 30mm。加劲环断面见图 2.2。

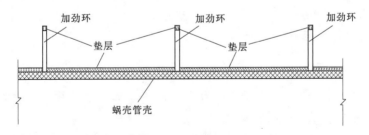

图 2.2 加劲环断面

2.3.2 计算材料参数

混凝土材料容重 25kN/m³，弹性模量 28000MPa，泊松比 0.167，标准抗拉强度 1.75MPa；钢材容重 78.5kN/m³，弹性模量 206000MPa，泊松比 0.3；垫层材料容重 1.4kN/m³，变形模量待定，泊松比 0.3。

本章非线性有限元计算选取有限元软件 ABAQUS 中的损伤塑性模型（CONCRETE DAMAGED PLASTICITY）描绘混凝土材料的力学性能，钢材和垫层视为线弹性材料。

ABAQUS 中的损伤塑性模型需要定义混凝土的拉伸损伤曲线和拉伸软化曲线，即定义混凝土的损伤值及残余强度与应变的关系[51]。迄今为止，定义混凝土损伤值与应变关系的损伤模型很多，本章选用 Mazars 于 1982 年提出的混凝土损伤标量模型[52]。在单轴拉伸的情况下，混凝土损伤值 d_t 如下：

$$d_t = \begin{cases} 0 & (\varepsilon \leqslant \varepsilon_t) \\ 1 - \dfrac{\varepsilon_t(1-A_t)}{\varepsilon} - \dfrac{A_t}{\exp[B_t(\varepsilon - \varepsilon_t)]} & (\varepsilon > \varepsilon_t) \end{cases} \quad (2.1)$$

式中：ε 为混凝土应变；ε_t 为混凝土应力达到峰值时对应的应变；A_t 和 B_t 为材料常数，对于一般混凝土材料，$0.7 \leqslant A_t \leqslant 1$，$10^4 \leqslant B_t \leqslant 10^5$。本章假设混凝土损伤前为线弹性材料，故 $\varepsilon_t = f_t/E_c = 1.75/28000 = 62.5 \times 10^{-6}$；$A_t$ 和 B_t 分别定为 0.7 和 10^4。

混凝土损伤后残余强度与应变的关系可以根据《混凝土结构设计规范》（GB 50010—2010）确定[53]。在单轴拉伸的情况下，混凝土残余强度 σ 如下：

$$\sigma = \frac{x}{\alpha_t(x-1)^{1.7} + x} f_t \quad (2.2)$$

式中：$x = \varepsilon/\varepsilon_t (\varepsilon \geqslant \varepsilon_t)$；$\alpha_t$ 为单轴受拉应力-应变曲线下降段的参数值，按规范插值取为 0.975。

按照上述方法，得到混凝土的拉伸损伤曲线和拉伸软化曲线见图 2.3 和图 2.4。

2.3.3　计算模型

以地面厂房一个中间标准机组段为研究对象建立整体三维有限元模型，上游取至厂坝分缝处，下游取至主厂房下游墙往下游

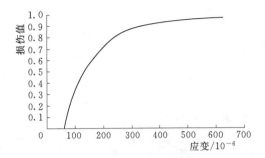

图 2.3　混凝土拉伸损伤曲线

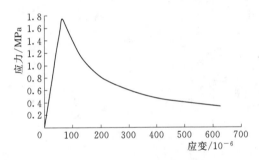

图 2.4　混凝土拉伸软化曲线

侧 1m 处，宽度 40.5m；两侧以机组段永久缝为界，沿厂房纵轴线方向长度 36.8m；高度范围从尾水管直锥段底部高程到定子基础高程，共 24.5m。$+X$ 轴水平指向厂房左侧，$+Y$ 轴铅直向上，$+Z$ 轴水平指向厂房下游。

模型四周按自由面考虑，底部施加全约束。钢蜗壳、座环、尾水管钢衬和机井里衬采用四节点平面板壳单元，个别过渡区域采用三节点板壳单元；钢筋采用两节点杆单元；垫层、加劲环和混凝土采用八节点六面体单元或六节点三棱柱单元，少数区域采用四面体单元过渡。钢蜗壳和加劲环作为一个整体，与周围的混凝土及垫层之间创建接触对模拟它们之间的接触关系，摩擦系数待定。钢筋杆单元通过 ABAQUS 中的 EMBEDDED ELEMENT 命令嵌入混凝土实体单元，实现相关节点自由度的耦合。嵌入式钢筋模型依据钢筋和混凝土位移协调原则，分别求出两者对单元刚度矩阵的贡献，然后组合起来形成综合单元刚度矩阵[51]。

整个计算模型共 196445 个节点，191379 个单元，其中钢筋单元 154200 个。数值模型网格见图 2.5。

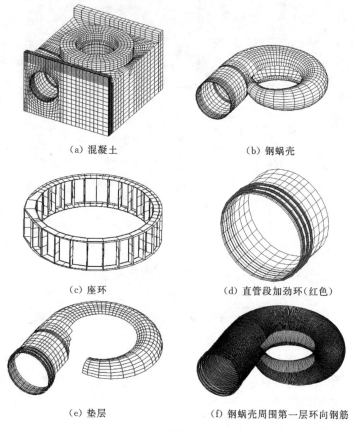

（a）混凝土　　　　　　　　　　（b）钢蜗壳

（c）座环　　　　　　　　　（d）直管段加劲环（红色）

（e）垫层　　　　　　　（f）钢蜗壳周围第一层环向钢筋

图 2.5　数值模型网格

2.3.4　计算荷载

计算荷载：①结构自重；②水轮机层活荷载 20kN/m²；③定子基础切向合力 8.52MN，竖向合力 10.5MN，径向合力

5.92MN；④下机架基础切向合力 1.272MN，竖向合力 55.476MN，径向合力 2.544MN；⑤蜗壳内水压力 1.58MPa；⑥水轮机顶盖水压力 36.325 MN；⑦上下游墙自重折合荷载 0.59MPa。

2.4 座环应力分布变化规律

2.4.1 混凝土开裂的影响

蜗壳内充水后，外围混凝土部分区域会开裂。混凝土开裂后，座环的应力大小和分布会受到一定影响。图 2.6 是在考虑和不考虑混凝土开裂的前提下座环的 Mises 应力分布情况，计算中垫层变形模量取 2.5MPa，摩擦系数取 0.25。

由图 2.6 可以看出，是否考虑混凝土开裂对座环应力大小有一定影响，考虑混凝土开裂情况下座环 Mises 应力峰值较之不考虑时大 14.8%，但从应力分布规律来看，两者差别不大。仅从应力分布云图难以说明是否考虑混凝土开裂对座环应力影响程度的大小。鉴于此，以下将对座环特征位置点的 Mises 应力具体分析。座环特征位置点见图 2.7。考虑混凝土开裂时，混凝土损伤范围见图 2.8。两种情况下各断面座环特征位置点 Mises 应力见图 2.9，0°断面表示蜗壳进口断面，顺水流方向每 30°取一个断面，系列 1 和系列 2 分别代表考虑和不考虑混凝土开裂的情况下座环各特征位置点 Mises 应力顺水流方向的变化趋势。

由图 2.9 可以看出，考虑混凝土开裂与否对座环各特征位置点 Mises 应力大小影响在 7.03%～16.16%之间，影响相对明显的是 0°～90°断面和 270°～0°断面（厂房左半部），而 90°～270°断面（厂房右半部）特征位置点 Mises 应力在两种情况下十分接近。结合图 2.8 可以看到，蜗壳外围混凝土损伤范围（可能开裂区）主要集中在厂房左半部，混凝土损伤后相应区域的蜗壳承载比变大，而座环与蜗壳是焊接在一起的，因此考虑混凝土开裂与

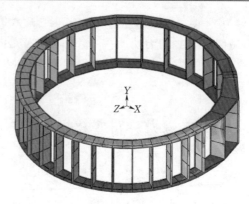

（a）考虑混凝土开裂

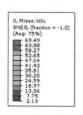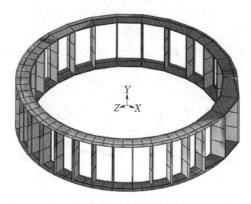

（b）不考虑混凝土开裂

图 2.6　座环 Mises 应力

否对厂房左半部座环 Mises 应力影响较大，且考虑混凝土开裂情况下座环 Mises 应力一般大于不考虑的情况。

　　显然考虑混凝土开裂更能反映实际情况，然而其计算成本较大（计算时长是不考虑混凝土开裂情况时的 10 倍以上），计算收敛性不稳定。总体来看，两种情况下座环各特征位置点 Mises 应力顺水流方向的变化趋势是一致的，数值差别不大。基于计算工作量的考虑，结合实际客观计算条件，本章以下对座环应力的分析将不考虑混凝土开裂。

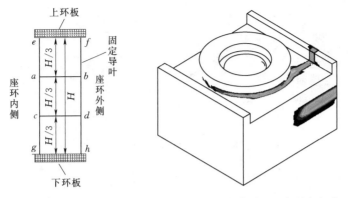

图 2.7 座环特征位置点　　　图 2.8 混凝土损伤范围（灰黑色部分）

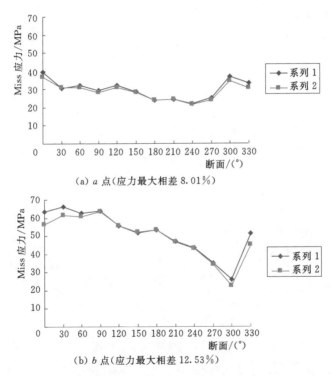

（a）a 点（应力最大相差 8.01%）

（b）b 点（应力最大相差 12.53%）

图 2.9（一） 混凝土开裂与否情况下座环特征位置点 Mises 应力

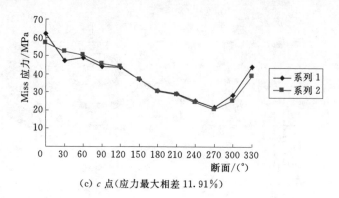

（c）c 点（应力最大相差 11.91%）

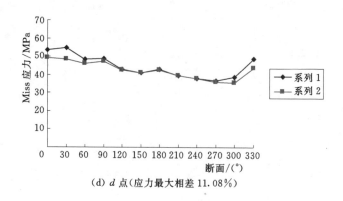

（d）d 点（应力最大相差 11.08%）

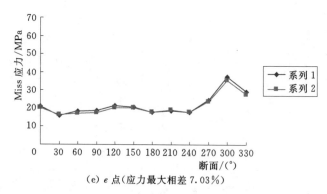

（e）e 点（应力最大相差 7.03%）

图 2.9（二） 混凝土开裂与否情况下座环特征位置点 Mises 应力

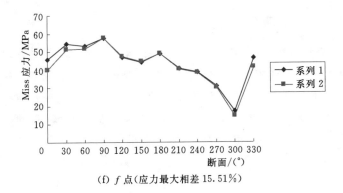

(f) *f* 点(应力最大相差 15.51%)

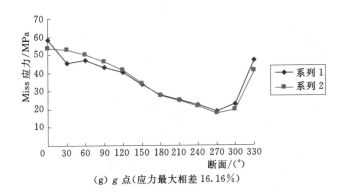

(g) *g* 点(应力最大相差 16.16%)

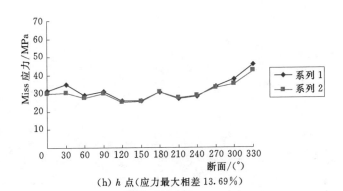

(h) *h* 点(应力最大相差 13.69%)

图 2.9（三） 混凝土开裂与否情况下座环特征位置点 Mises 应力

2.4.2　垫层变形模量的影响

　　垫层变形模量对蜗壳及其外围混凝土受力状态的影响在以往的研究中被关注较多，得到的基本结论是垫层变形模量越大蜗壳应力水平越低，而混凝土应力水平越高。座环并不与垫层直接接触，垫层变形模量变化对座环应力分布规律及大小的影响难以直观判断。本小节在摩擦系数取 0.25 的前提下，变化垫层变形模量，探讨座环应力状态的变化规律。垫层变形模量不同情况下 0°断面、90°断面、180°断面和 270°断面座环特征位置点 Mises 应力见图 2.10，垫层变形模量为 28000MPa 即直埋情况。

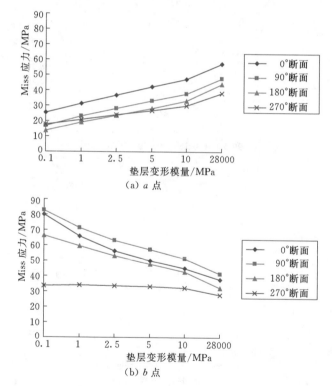

（a）a 点

（b）b 点

图 2.10（一）　垫层变形模量不同情况下座环特征位置点 Mises 应力

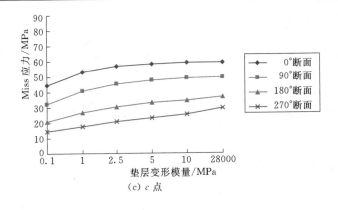

（c）c 点

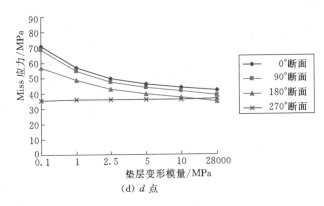

（d）d 点

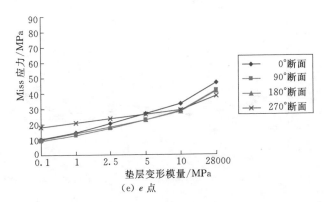

（e）e 点

图 2.10（二）　垫层变形模量不同情况下座环特征位置点 Mises 应力

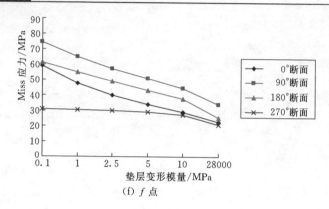

(f) f 点

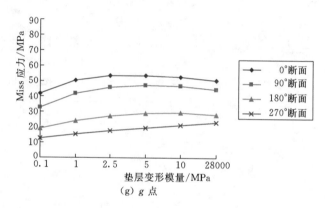

(g) g 点

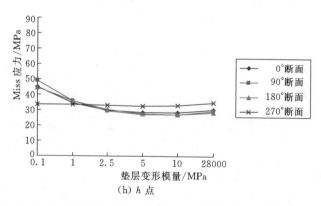

(h) h 点

图 2.10（三） 垫层变形模量不同情况下座环特征位置点 Mises 应力

由图 2.10 可以看出，不同断面相同特征位置点 Mises 应力随垫层变形模量变化而变化的规律基本是一致的，但垫层变形模量变化对不同特征位置点 Mises 应力的影响规律是不一样的，a、c、e 和 g 点 Mises 应力基本随垫层变形模量增加而增加，相反，b、d、f 和 h 点 Mises 应力基本随垫层变形模量增加而减小，即座环立柱内侧应力水平随垫层变形模量增加而提高，座环立柱外侧应力水平随垫层变形模量增加而降低。出现这种变化规律的原因在于钢蜗壳与座环焊接的位置并不在座环立柱中线上，而是偏向于座环立柱外侧，蜗壳在内水压力作用下使得座环立柱偏心受拉，立柱外侧应力水平高于内侧，垫层变形模量越小，座环立柱偏心受拉越明显，相应座环立柱外侧应力水平越高，内侧越低。以上分析说明，相比于蜗壳及其外围混凝土，座环应力状态随垫层变形模量变化而变化的规律相对复杂，立柱内外侧变化规律相反。

2.4.3 摩擦系数的影响

摩擦系数大小会影响钢蜗壳与外围混凝土之间的相对滑动，从而影响钢蜗壳和混凝土各自的受力状态。座环应力分布规律及大小受摩擦系数的影响是本小节的研究重点，以下取垫层变形模量为 2.5MPa，变化摩擦系数，研究座环各特征位置点应力随之变化的规律，见图 2.11。

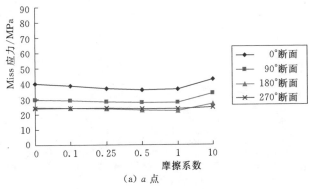

(a) a 点

图 2.11 (一) 摩擦系数不同情况下座环特征位置点 Mises 应力

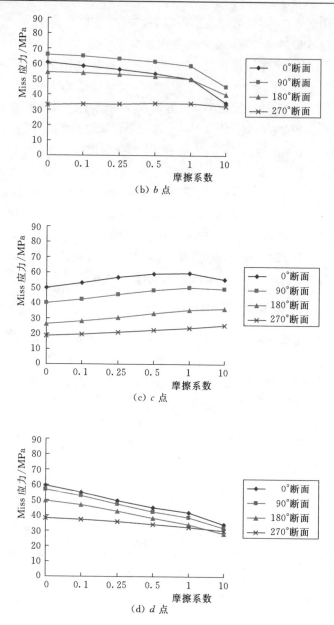

(b) b 点

(c) c 点

(d) d 点

图 2.11（二） 摩擦系数不同情况下座环特征位置点 Mises 应力

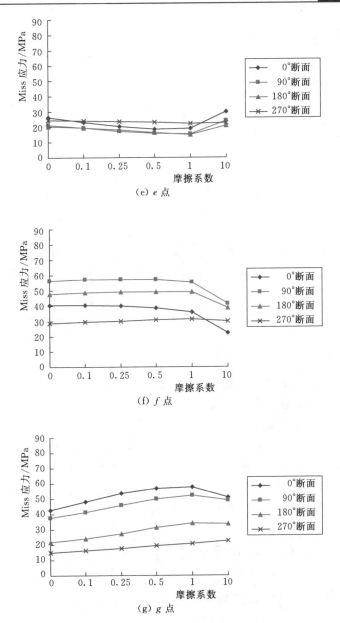

（e）*e* 点

（f）*f* 点

（g）*g* 点

图 2.11（三） 摩擦系数不同情况下座环特征位置点 Mises 应力

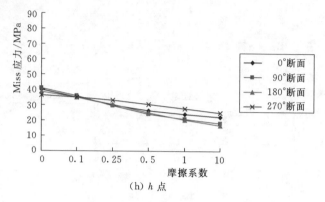

（h）h 点

图 2.11（四）　摩擦系数不同情况下座环特征位置点 Mises 应力

　　总体来看，座环应力受摩擦系数大小的影响程度相对较低，其中 270°断面由于位于垫层平面铺设范围末端，钢蜗壳与外围混凝土之间的相对滑动不明显，所以 270°断面座环各特征位置点 Mises 应力随摩擦系数变化幅度很小，这也说明钢蜗壳与外围混凝土之间的相对滑动是影响座环应力的重要因素。b 点、d 点、f 点和 h 点 Mises 应力基本随摩擦系数增加而减小，这是因为摩擦系数越大钢蜗壳与外围混凝土之间的相对滑动趋势越小，座环立柱偏心受拉程度越低，导致座环立柱外侧应力水平降低。a 点和 e 点 Mises 应力在摩擦系数小于 1 的范围内基本随摩擦系数增加而减小，而摩擦系数超过 1 后 Mises 应力增加；c 点和 g 点 Mises 应力随摩擦系数变化规律与 a 点和 e 点相反。从 a 点、c 点、e 点 和 g 点 Mises 应力变化规律可以看出，座环立柱内侧应力状态受摩擦系数大小的影响复杂。

2.5　座环位移和变形分布变化规律

2.5.1　座环竖向位移

　　蜗壳充水后座环会在水压力作用下变形，上环板除承受内水压力外，还承受水轮机顶盖传来的竖向荷载，两者对于上环板作用都是向上的，因此座环上环板在蜗壳充水后会向上位移。座环上环板上固定有为密封水流和支承导水机构的水轮机顶盖，所以座环上环板的竖向位移是值得关注的。图 2.12 是在是否考虑混凝土开裂的前提下蜗壳充水后座环的竖向（Y 向）位移，计算中垫层变形模量取 2.5MPa，摩擦系数取 0.25。两种情况下各断面座环上环板（e 点、f 点）Y 向位移见图 2.13，系列 1 和系列 2 分别代表考虑和不考虑混凝土开裂的情况。

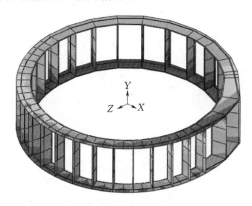

（a）考虑混凝土开裂

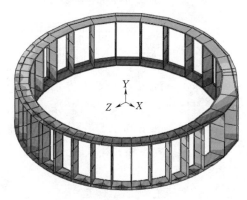

（b）不考虑混凝土开裂

图 2.12　座环 Y 向位移

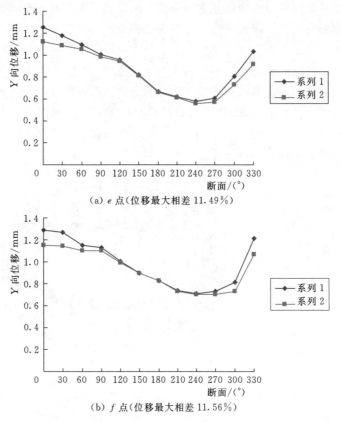

（a）e 点（位移最大相差 11.49%）

（b）f 点（位移最大相差 11.56%）

图 2.13　混凝土开裂与否情况下座环上环板 Y 向位移

由图 2.12 可以看出，蜗壳充水后座环上环板的竖向上抬位移是比较明显的，考虑和不考虑混凝土开裂的前提下上抬位移峰值分别达到 1.51mm 和 1.35mm，前者是后者的 1.12 倍，说明混凝土开裂会导致座环上环板的竖向上抬位移增加。

图 2.13 显示的结果表明，厂房左半部座环上环板的竖向上抬位移明显大于右半部，这是由于厂房左半部蜗壳断面直径较大；e 点和 f 点竖向位移顺水流方向分布规律类似，数值差别不大，f 点（座环外侧）竖向位移稍大，这与上一节分析的座环立

柱处于偏心受拉状态是吻合的；水荷载作用下座环上环板是整体上抬的。考虑混凝土开裂与否对座环上环板的竖向上抬位移影响在 12% 之内，影响相对明显的是 0°～90°断面和 270°～0°断面（厂房左半部），这与开裂对座环应力的影响是类似的，同样是因为蜗壳外围混凝土损伤范围（可能开裂区）主要集中在厂房左半部（见图 2.8），混凝土损伤后刚度降低，导致座环上环板的竖向上抬位移增加。

不考虑混凝土开裂时，垫层变形模量不同情况下 0°断面、90°断面、180°断面和 270°断面座环上环板 Y 向位移见图 2.14，此时摩擦系数取 0.25；摩擦系数不同情况下 0°断面、90°断面、180°断面和 270°断面座环上环板 Y 向位移见图 2.15，此时垫层变形模量取 2.5MPa。

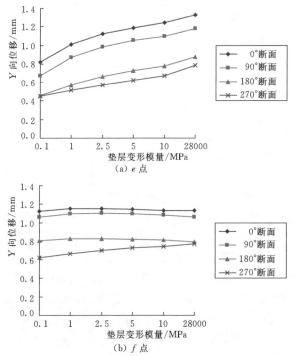

图 2.14　垫层变形模量不同情况下座环上环板 Y 向位移

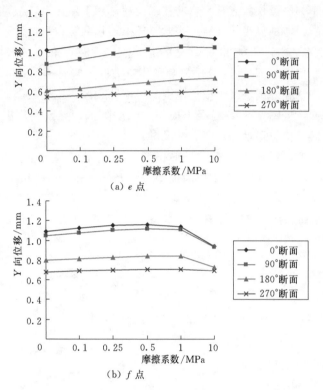

图 2.15 摩擦系数不同情况下座环上环板 Y 向位移

由图 2.14 可以看出，座环上环板内侧上抬位移随垫层变形模量增加而增加是明显的，垫层变形模量为 28000MPa 时上抬位移是垫层变形模量为 0.1MPa 时的 1.62～1.92 倍，可见垫层的设置有利于控制座环上环板的上抬变形；相比于上环板内侧，外侧上抬位移随垫层变形模量变化不明显。

图 2.15 显示的结果表明，摩擦系数的变化对座环上环板上抬位移影响较小，摩擦系数在 0～1 之间变化时，e 点和 f 点上抬位移值变化分别在 20% 和 7% 之内，当摩擦系数由 1 变为 10 时，0°断面、90°断面和 180°断面 f 点上抬位移值减小明显。270°断面钢蜗壳与外围混凝土之间的相对滑动不明显，因此该断

面座环上环板上抬位移随摩擦系数变化幅度最小。

2.5.2　座环径向变形

蜗壳充水后会向四周膨胀，从而带动座环径向向外变形，这种径向变形可能会影响到水轮机顶盖密封水流的效果，因此座环上环板的径向变形是值得研究的。考虑和不考虑混凝土开裂的前提下蜗壳充水后座环的径向位移见图 2.16，图中正值表示径向变形向外，计算中垫层变形模量取 2.5MPa，摩擦系数取 0.25。

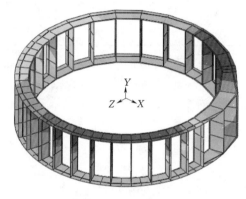

（a）考虑混凝土开裂

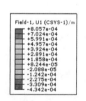
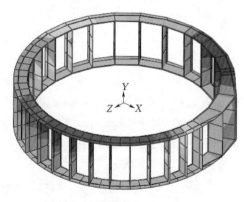

（b）不考虑混凝土开裂

图 2.16　座环径向位移

两种情况下座环上环板内侧（e 点）对角径向相对变形列于表 2.1。

表 2.1　混凝土开裂与否情况下座环上环板内侧对角径向相对变形

断面	考虑混凝土开裂/mm	不考虑混凝土开裂/mm	两种情况差别/%
0°-180°	0.95	0.82	13.68
30°-210°	1.28	1.14	10.94
60°-240°	1.09	1.05	3.67
90°-270°	0.60	0.61	1.67
120°-300°	0.20	0.23	15.00
150°-330°	0.44	0.41	6.82

　　由图 2.16 可以看出，蜗壳充水后座环的径向变形有正有负，上环板在 0°～270° 范围径向变形基本为正值，顺水流方向径向变形逐渐减小；而在 270°～0° 范围径向变形基本为负值。考虑和不考虑混凝土开裂的前提下径向变形峰值分别达到 0.85mm 和 0.81mm，与座环竖向位移类似，混凝土开裂同样会导致座环径向变形增加。

　　表 2.1 中的数据显示，无论是否考虑混凝土开裂，座环上环板内侧对角径向相对变形分布规律是类似的，相对变形最大和最小分别出现在 30°-210° 断面和 120°-300° 断面，可见在水荷载作用下，座环在平面上有向外膨胀的趋势，且膨胀并不均匀，近似一个椭圆，长轴为 30°-210° 断面方向，短轴为 120°-300° 断面方向。考虑混凝土开裂与否对座环上环板内侧对角径向相对变形影响在 15% 之内，考虑混凝土开裂时 30°-210° 断面径向相对变形较之不考虑时增加 0.14mm，而 120°-300° 断面径向相对变形减小 0.03mm，说明混凝土损伤后刚度降低会导致座环上环板径向相对变形不均匀程度增加。

　　不考虑混凝土开裂时，垫层变形模量不同情况下座环上环板内侧对角径向相对变形见图 2.17，此时摩擦系数取 0.25；摩擦系数不同情况下座环上环板内侧对角径向相对变形见图 2.18，

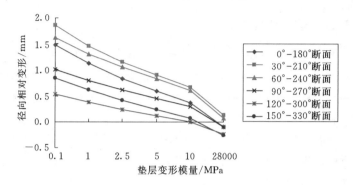

图 2.17 垫层变形模量不同情况下座环上环板内侧对角径向相对变形

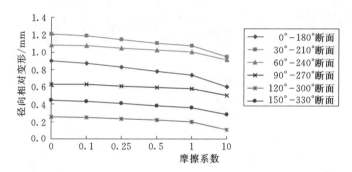

图 2.18 摩擦系数不同情况下座环上环板内侧对角径向相对变形

此时垫层变形模量取 2.5MPa。

由图 2.17 和图 2.18 可以看出，垫层变形模量和摩擦系数的变化只是影响座环对角径向相对变形的大小，并不影响变形规律，相对变形最大和最小始终出现在 30°-210°断面和 120°-300°断面。座环对角径向相对变形随垫层变形模量和摩擦系数增加而减小，随前者变化更明显。值得注意的是，垫层变形模量为 28000MPa（直埋情况）时座环有断面对角径向相对变形出现负值，即座环对角相对靠近。以上事实说明，尽管垫层的设置有利于控制座环上环板的上抬变形，但不利于控制座环上环板的径向相对变形。

2.5.3　座环环向变形

　　由于蜗壳自身结构的不对称性,在水荷载作用下蜗壳会出现水流向位移,从而带动座环环向位移,上下环板环向位移的差别对座环立柱有扭转作用。考虑和不考虑混凝土开裂的前提下蜗壳充水后座环的环向位移见图 2.19,图中正值表示顺水流方向位移,计算中垫层变形模量取 2.5MPa,摩擦系数取 0.25。两种情况下座环上下环板内侧(e-g点)和外侧(f-h点)环向相对

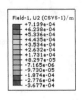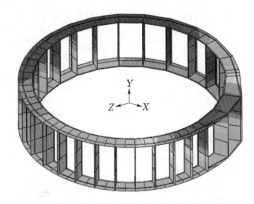

（a）考虑混凝土开裂

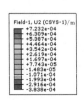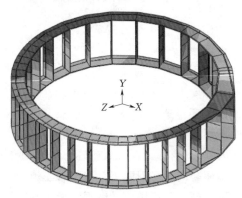

（b）不考虑混凝土开裂

图 2.19　座环环向位移

变形见图 2.20，系列 1 和系列 2 分别代表考虑和不考虑混凝土
开裂的情况。

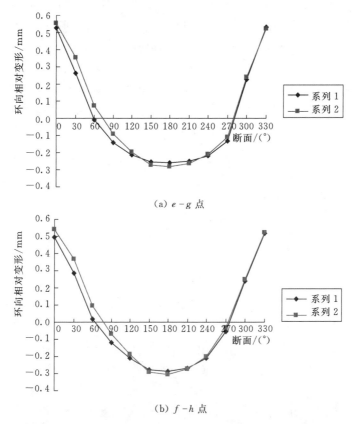

图 2.20　混凝土开裂与否情况下座环上下环板环向相对变形

　　由图 2.19 可以看出，座环上环板环向位移大于下环板，这
是由于钢蜗壳上半部铺设了垫层；环向位移值有正有负，座环左
半部大部分为正，右半部大部分为负，说明在水荷载作用下座环
有沿着环向向厂房下游位移的趋势。考虑混凝土开裂的前提下座
环左右侧向厂房下游位移分别为 0.71mm 和 0.37mm，不考虑时
分别为 0.72mm 和 0.38mm，与座环竖向位移和径向变形相比，

混凝土开裂对座环环向位移影响较小。

　　图 2.20 的结果表明，座环上下环板内外侧环向相对变形大小和分布规律类似，座环左半部环向相对变形大于右半部，90°断面和 270°断面附近（座环上下游侧）环向相对变形较小，0°断面和 180°断面附近（座环左右侧）环向相对变形较大。

　　不考虑混凝土开裂时，垫层变形模量不同情况下 0°断面和 180°断面座环上下环板内侧环向相对变形见图 2.21，此时摩擦系数取 0.25；摩擦系数不同情况下 0°断面和 180°断面座环上下环板内侧环向相对变形见图 2.22，此时垫层变形模量取 2.5MPa。

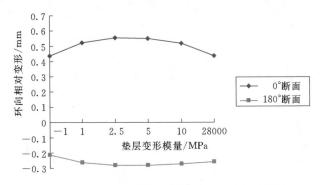

图 2.21　垫层变形模量不同情况下座环上下环板
内侧环向相对变形

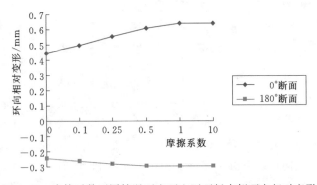

图 2.22　摩擦系数不同情况下座环上下环板内侧环向相对变形

由图 2.21 可以看出，0°断面和 180°断面座环环向相对变形随垫层变形模量变化规律相似，当垫层变形模量为 2.5～5MPa 时，环向相对变形相对较大；垫层变形模量为 28000MPa（直埋情况）时，0°断面和 180°断面座环环向相对变形较之变形模量为 2.5MPa 时分别减小 22% 和 10%，说明垫层的设置不利于控制座环环向相对变形。

图 2.22 显示的结果表明，摩擦系数的变化对座环环向相对变形影响明显，摩擦系数在 0～1 之间变化时，0°断面和 180°断面座环环向相对变形增加分别超过 40% 和 20%；当摩擦系数由 1 变为 10 时，环向相对变形变化很小。

2.6 座环抗剪性能

2.6.1 垫层变形模量的影响

垫层变形模量不同情况下座环对混凝土的剪力见表 2.2，X 方向水平指向厂房左侧为正，Z 方向水平指向厂房下游为正。此时摩擦系数取 0.25。

表 2.2 垫层变形模量不同情况下座环对混凝土的剪力

垫层变形模量/MPa		0.1	1	2.5	5	10	28000
X 方向剪力 /MN	上环板	−5.51	−4.72	−4.42	−3.85	−2.83	−0.35
	下环板	−6.47	−4.11	−3.00	−2.30	−2.05	−1.48
	合力	−11.98	−8.83	−7.42	−6.15	−4.88	−1.83
Z 方向剪力 /MN	上环板	1.14	2.51	2.47	2.13	1.62	0.10
	下环板	4.34	0.82	0.35	1.12	2.09	3.61
	合力	5.48	3.33	2.82	3.25	3.71	3.71

表 2.2 中的数据说明，垫层变形模量不同情况下，座环对混凝土的 X 方向剪力始终指向厂房右侧，Z 方向剪力始终指向厂

房下游，这是因为蜗壳垫层平面铺设范围从直管段一直设到蜗壳 270°断面，厂房右侧垫层铺设范围大于左侧，下游垫层铺设范围大于上游，钢蜗壳在内水压力作用下有向厂房右侧和下游位移的趋势，导致与钢蜗壳连接的座环对混凝土的作用指向厂房右侧和下游。

座环上下环板对混凝土的 X 方向剪力及合剪力均随垫层变形模量增加而减小；Z 方向剪力及合剪力随垫层变形模量变化相对复杂，但 Z 方向合剪力依然是垫层变形模量为 0.1MPa 时最大。当垫层变形模量在 0.1～10MPa 之间变化时，X 方向合剪力大于 Z 方向。

座环对混凝土的 X 方向和 Z 方向剪力矢量合大小随垫层变形模量变化见图 2.23。

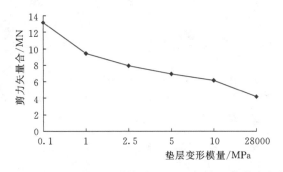

图 2.23 垫层变形模量不同情况下座环对混凝土的剪力矢量合

由图 2.23 可以看出，随垫层变形模量增加，座环对混凝土的剪力是减小的，垫层变形模量为 2.5MPa 时剪力大小是垫层变形模量为 28000MPa 时的 1.92 倍，说明垫层的设置不利于座环抗剪；垫层变形模量为 0.1MPa 时，座环对混凝土的剪力较之垫层变形模量为 2.5MPa 时增加了 66%，结果表明垫层失效情况下对座环抗剪极其不利。

2.6.2 摩擦系数的影响

摩擦系数不同情况下座环对混凝土的剪力见表 2.3，X 方向水平指向厂房左侧为正，Z 方向水平指向厂房下游为正。此时垫层变形模量取 2.5MPa。

表 2.3　　　**摩擦系数不同情况下座环对混凝土的剪力**

摩擦系数		0	0.1	0.25	0.5	1	10
X 方向剪力 /MN	上环板	−5.08	−4.40	−4.42	−4.80	−5.04	−3.06
	下环板	−6.74	−4.69	−3.00	−1.22	−0.03	0.63
	合力	−11.82	−9.09	−7.42	−6.02	−5.07	−2.43
Z 方向剪力 /MN	上环板	3.19	2.90	2.47	1.84	1.24	4.58
	下环板	3.96	1.82	0.35	0.38	1.17	1.09
	合力	7.15	4.72	2.82	2.22	2.41	5.67

表 2.3 数据说明，摩擦系数变化不会改变座环对混凝土的剪力方向，X 方向剪力依然指向厂房右侧，Z 方向剪力依然指向厂房下游；摩擦系数为 10 时，座环下环板对混凝土的 X 方向剪力指向厂房左侧，与上环板对混凝土的 X 方向剪力方向相反。

座环对混凝土的 X 方向合剪力随摩擦系数增加而减小；摩擦系数在 0～0.5 之间变化时，Z 方向合剪力随摩擦系数增加而减小，在 0.5～10 之间变化时，Z 方向合剪力随摩擦系数增加而增加，摩擦系数为 0 时 Z 方向合剪力最大。摩擦系数在 0～1 之间变化时，X 方向合剪力大于 Z 方向。

座环对混凝土的 X 方向和 Z 方向剪力矢量合大小随摩擦系数变化见图 2.24。

由图 2.24 可以看出，摩擦系数在 0～1 之间变化时，随摩擦系数增加，座环对混凝土的剪力是减小的，摩擦系数为 1 时剪力大小是摩擦系数为 0 时的 41%，是摩擦系数为 0.25 时的 71%，说明摩擦系数越小对座环抗剪越不利；摩擦系数由 1 变为 10 时，剪力大小增加 10%，增加幅度不大，说明摩擦系数超过 1 后，对座环抗剪影响较小。

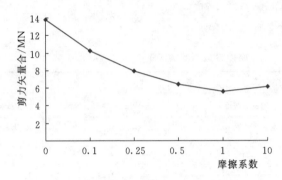

图 2.24　摩擦系数不同情况下座环对
混凝土的剪力矢量合

2.7　本章小结

迄今有关垫层蜗壳结构研究更多关注的是钢蜗壳和混凝土结构的受力表现，而座环作为机组的承重构件之一，在设计实践中受重视程度不够，尤其对其变形和抗剪等问题关注相对较少。本章在 ABAQUS 平台上采用三维有限元方法开展了某大型垫层蜗壳结构的数值计算工作，计算中考虑了大体积钢筋混凝土的材料非线性及钢蜗壳-混凝土之间的接触非线性问题，重点从应力、位移和变形、抗剪性能 3 方面研究了座环的结构特性。

在考虑蜗壳外围混凝土开裂的情况下，座环的应力和变形都较不考虑的情况下有较为明显的增大，说明混凝土包裹刚度退化在增大钢蜗壳承载的同时也增大了座环的承载，此时可将座环与钢蜗壳视为一个结构整体考虑。相比于强度问题，对于座环的研究应更关注其刚度问题，座环过大的变形可能会影响水轮机顶盖的封水效果及机组的稳定运行。对于垫层蜗壳，垫层的设置有利于控制座环的上抬位移，这与控制机墩的上抬原因是类似的，但垫层同时会增大座环的径向和环向变形，对座环的抗剪也有不利影响。由此可见，从调控结构受力的角度看，垫层的介入对座环的影响有其有利的一面，同时也有不利的一面，设计实践中应综合考虑此问题。在优选垫层平面铺设范围时，座环的结构表现应成为主要的考虑因素之一，这也是第 3 章将重点探讨的问题。

蜗壳垫层平面铺设范围
确定原则

3.1 垫层平面铺设范围的两个影响方面

有关直埋-垫层组合型式蜗壳结构工程实践中的核心技术问题即是如何设置垫层的平面铺设范围，合理的垫层平面铺设范围应该兼顾水电站厂房的"结构安全"和"发电安全"两方面。垫层平面铺设范围的变化实质上改变的是钢蜗壳外表面在水平面内的结构刚度分布，从而影响蜗壳内水压力在水平面内的外传分布和路径。以内水压力的外传方向区分，可以分为两方面的影响：①竖向外传在平面上的分布；②水平方向外传的分布。以上两方面影响中的前者与座环和机墩结构的竖向位移有关，影响机组的运行状态；后者与座环和机墩结构的径向变形有关，也与座环的抗剪和流道结构的抗扭有关，同时影响机组的运行状态和厂房的结构表现。

本章将采用三维有限元数值模拟手段，从上述两个方面阐明垫层的平面铺设范围如何影响蜗壳内水压力的外传模式，以期给垫层平面铺设范围的设置提供原则性参考。本章有限元计算条件与第 2 章相同，见 2.3 节描述。计算中垫层变形模量取 2.5MPa（垫层失效情况取 0.1MPa），摩擦系数取 0.25，不考虑混凝土开裂。根据垫层平面铺设范围不同，分为 8 个计算方案，见表 3.1。

表 3.1				计 算 方 案				
方案	$D-0$	$D-45$	$D-90$	$D-135$	$D-180$	$D-225$	$D-270$	$D-315$
垫层平面末端与＋X 轴顺水流方向夹角	0°	45°	90°	135°	180°	225°	270°	315°

3.2 蜗壳内水压力竖向外传在平面上的分布

3.2.1 座环竖向位移

表 3.2 列出的是水荷载作用下各计算方案座环上环板内侧典型断面 Y 向位移及平均值，表 3.3 列出的是水荷载作用下各计算方案座环上环板内侧对角最大 Y 向位移差及出现断面。

表 3.2			座环上环板内侧 Y 向位移				单位：mm	
断面	$D-0$	$D-45$	$D-90$	$D-135$	$D-180$	$D-225$	$D-270$	$D-315$
0°	1.25	1.21	1.17	1.15	1.14	1.13	1.13	1.12
30°	1.23	1.19	1.14	1.11	1.10	1.09	1.09	1.08
60°	1.22	1.18	1.13	1.09	1.07	1.06	1.05	1.05
90°	1.17	1.14	1.08	1.03	1.00	0.99	0.98	0.98
120°	1.13	1.11	1.06	1.01	0.97	0.95	0.95	0.95
150°	1.00	0.99	0.97	0.92	0.85	0.83	0.82	0.81
180°	0.87	0.86	0.84	0.82	0.76	0.69	0.66	0.66
210°	0.82	0.81	0.80	0.78	0.75	0.68	0.61	0.61
240°	0.76	0.75	0.74	0.73	0.71	0.67	0.56	0.54
270°	0.73	0.71	0.70	0.69	0.68	0.67	0.57	0.52
300°	0.82	0.80	0.79	0.78	0.77	0.76	0.73	0.65
330°	1.02	0.98	0.96	0.94	0.94	0.93	0.92	0.90
平均值	1.00	0.98	0.95	0.92	0.89	0.87	0.84	0.82

表 3.3　座环上环板内侧对角最大 Y 向位移差及出现断面

方案	$D-0$	$D-45$	$D-90$	$D-135$	$D-180$	$D-225$	$D-270$	$D-315$
Y 向位移差 /mm	0.46	0.43	0.39	0.36	0.38	0.44	0.49	0.51
出现断面	60°~240°	60°~240°	60°~240°	60°~240°	0°~180°	0°~180°	60°~240°	60°~240°

表 3.2 中的数据显示，同一断面位于垫层平面铺设范围内时，座环上环板内侧 Y 向位移明显小于该断面位于垫层平面铺设范围外时相应的数值，例如 90°断面座环上环板内侧 Y 向位移在 $D-45$ 情况下为 1.14mm，在 $D-135$ 情况下为 1.03mm，后者比前者减小 9.6%。各断面座环上环板内侧 Y 向位移平均值随垫层平面铺设范围变大而减小，说明垫层平面铺设范围越大，越有利于控制座环上环板整体上抬水平。

由表 3.3 可以看到，座环上环板内侧对角最大 Y 向位移差随垫层平面铺设范围变大而先减小后增加，出现断面不尽相同。$D-135$ 情况下最小为 0.36mm，$D-315$ 情况下最大为 0.51mm，后者是前者的 1.42 倍。出现这种现象的原因在于，蜗壳管径较大的断面座环上环板的竖向上抬位移也较大，垫层平面末端铺设至蜗壳 135°断面时有效减小了大断面座环上抬位移，使得上环板不均匀上抬变形减小；而 $D-315$ 情况下所有断面座环上抬位移均减小，导致上环板不均匀上抬变形不降反升。

因此尽管垫层平面铺设范围越大越有利于控制座环上环板整体上抬水平，但并不一定有利于控制其不均匀上抬变形。实际上，对机组刚度和稳定性影响最直接的是座环上环板的变形，所以从控制座环上环板不均匀上抬变形的角度讲，垫层平面末端铺设至蜗壳 135°断面附近范围是合理的。

3.2.2　机墩结构竖向位移

表 3.4 列出的是水荷载作用下各计算方案下机架基础典型断面 Y 向位移及平均值，表 3.5 列出的是水荷载作用下各计算方案下机架基础对角最大 Y 向位移差及出现断面。

表 3.4 下机架基础 Y 向位移 单位：mm

断面	D - 0	D - 45	D - 90	D - 135	D - 180	D - 225	D - 270	D - 315
0°	1.37	1.25	1.20	1.17	1.15	1.15	1.13	1.12
30°	1.46	1.33	1.25	1.21	1.19	1.18	1.17	1.16
60°	1.44	1.37	1.24	1.18	1.15	1.14	1.13	1.13
90°	1.34	1.29	1.21	1.10	1.06	1.04	1.04	1.03
120°	1.18	1.15	1.10	1.00	0.93	0.91	0.90	0.89
150°	1.01	0.99	0.96	0.90	0.81	0.78	0.76	0.75
180°	0.84	0.83	0.81	0.77	0.71	0.66	0.63	0.62
210°	0.74	0.73	0.71	0.69	0.65	0.60	0.55	0.54
240°	0.66	0.65	0.64	0.62	0.60	0.57	0.51	0.49
270°	0.69	0.67	0.66	0.65	0.63	0.61	0.57	0.54
300°	0.85	0.81	0.79	0.78	0.77	0.76	0.73	0.70
330°	1.13	1.06	1.03	1.01	1.00	1.00	0.98	0.95
平均值	1.06	1.01	0.97	0.92	0.89	0.87	0.84	0.83

表 3.5 下机架基础对角最大 Y 向位移差及出现断面

方案	D - 0	D - 45	D - 90	D - 135	D - 180	D - 225	D - 270	D - 315
Y 向位移差 /mm	0.78	0.72	0.60	0.56	0.55	0.58	0.62	0.64
出现断面	60°-240°	60°-240°	60°-240°	60°-240°	60°-240°	30°-210°	30°-210°/ 60°-240°	60°240°

表 3.4 中的数据显示，下机架基础典型断面 Y 向位移与该断面是否位于垫层平面铺设范围内有密切关系。以 90°断面为例，当其位于垫层平面铺设范围外时（D - 0 和 D - 45 方案），Y 向位移为 1.29~1.34mm，而垫层平面末端铺设至 135°断面后，Y 向位移小于 1.10mm，说明垫层的设置可以有效控制其铺设范围内断面下机架基础的 Y 向位移。从 Y 向位移平均值看，垫层平面铺设范围越大，下机架基础整体上抬越小。

由表 3.5 可以看到，下机架基础对角最大 Y 向位移差随垫层平面铺设范围变大而先减小后增加，$D-180$ 方案下最小为 0.55mm，$D-0$ 方案下最大为 0.78mm，前者是后者的 71%。出现这种现象的原因在于，蜗壳管径较大的断面下机架基础的竖向上抬位移也较大，垫层平面末端铺设至蜗壳 180°断面附近时有效减小了大断面下机架基础上抬位移，使其不均匀上抬变形减小。以上描述的下机架基础对角最大 Y 向位移差的变化规律及其产生原因与座环十分类似，然而与座环不同的是，$D-315$ 方案下下机架基础对角最大 Y 向位移差并不是最大，小于 $D-0$ 方案和 $D-45$ 方案。

从最大 Y 向位移差出现断面看，不论垫层平面铺设范围如何设置，下机架基础最大对角不均匀上抬变形都出现在 30°-210°断面或 60°-240°断面，且都是 30°断面和 60°断面 Y 向位移大于 210°断面和 240°断面 Y 向位移。从对角不均匀上抬变形分布规律可以看出，下机架基础 Y 向位移主要受蜗壳管径变化的影响，厂房下游侧蜗壳管径较大断面下机架基础 Y 向位移一般大于厂房上游侧，垫层平面铺设范围变化只会影响下机架基础上抬变形不均匀程度，而对下机架基础 Y 向位移分布规律无质的影响。

表 3.6 列出的是水荷载作用下各计算方案定子基础典型断面 Y 向位移及平均值，表 3.7 列出的是水荷载作用下各计算方案定子基础对角最大 Y 向位移差及出现断面。

表 3.6　　　　　　　　　　定子基础 Y 向位移　　　　　　单位：mm

断面	$D-0$	$D-45$	$D-90$	$D-135$	$D-180$	$D-225$	$D-270$	$D-315$
0°	1.34	1.23	1.18	1.15	1.14	1.13	1.12	1.11
30°	1.42	1.30	1.22	1.18	1.16	1.15	1.15	1.14
60°	1.37	1.30	1.18	1.13	1.10	1.09	1.08	1.08
90°	1.23	1.19	1.11	1.02	0.98	0.97	0.96	0.96
120°	1.08	1.05	1.00	0.91	0.86	0.84	0.83	0.83

续表

断面	$D-0$	$D-45$	$D-90$	$D-135$	$D-180$	$D-225$	$D-270$	$D-315$
150°	0.92	0.90	0.87	0.82	0.74	0.72	0.70	0.69
180°	0.76	0.75	0.73	0.70	0.65	0.61	0.58	0.57
210°	0.66	0.66	0.64	0.62	0.59	0.55	0.51	0.50
240°	0.61	0.60	0.59	0.58	0.56	0.53	0.49	0.47
270°	0.67	0.65	0.64	0.63	0.62	0.60	0.57	0.54
300°	0.86	0.83	0.81	0.80	0.79	0.78	0.76	0.73
330°	1.12	1.06	1.03	1.01	1.01	1.00	0.98	0.96
平均值	1.00	0.96	0.92	0.88	0.85	0.83	0.81	0.80

表 3.7　　　　　　　　定子基础对角最大 Y 向位移差及出现断面

方案	$D-0$	$D-45$	$D-90$	$D-135$	$D-180$	$D-225$	$D-270$	$D-315$
Y 向位移差 /mm	0.76	0.70	0.59	0.56	0.57	0.60	0.64	0.64
出现断面	30°-210°/ 60°-240°	60°-240°	60°-240°	30°-210°	30°-210°	30°-210°	30°-210°	30°-210°

　　由表 3.6 和表 3.7 可以看到，各计算方案定子基础和下机架基础 Y 向位移差别不大，前者略小；定子基础对角最大 Y 向位移差随垫层平面铺设范围变化规律与下机架基础类似，只是最小值出现在 $D-135$ 方案下；从最大 Y 向位移差出现断面看，定子基础和下机架基础也是基本一致的，略有不同的是，定子基础最大对角不均匀上抬变形出现在 30°-210°断面居多，而下机架基础多数出现在 60°-240°断面。

　　总体来看，水荷载作用下机墩结构竖向位移是整体上抬的。垫层平面末端铺设在蜗壳 45°断面之前情况下，机墩结构对角不均匀上抬变形较大。从控制机墩结构不均匀上抬变形的角度讲，垫层平面末端铺设在蜗壳 135°断面和 180°断面之间是最有利的。然而从前述分析可知，机墩结构最大对角不均匀上抬变形一般出现在 30°~210°断面或 60°~240°断面，由 0°断面和 90°断面之间蜗壳管径较大引起，结合表 3.5 和表 3.7 的数据可以发现，$D-0$ 方案和 $D-45$ 方案下机墩结构最大对角不均匀上抬变形明显大于其余方案，可见在蜗壳管径较大的 0°断面和 90°断面之间铺设垫层对减小机墩结构最大对角不均匀上抬变形效果是明显的。当垫层平面末端铺设至 90°断面之后范围时，机墩结构对角最大 Y 向位移差变化在 17％以内。

综上所述，控制机墩结构最大对角不均匀上抬变形的关键在于控制 0°断面和 90°断面之间机墩上抬。从这个角度讲，垫层平面末端应该铺设至 90°断面之后范围。需要特别说明的是，对于垫层蜗壳结构，改变垫层平面铺设范围可以调节机墩结构最大对角不均匀上抬水平，但机墩的不均匀上抬是由蜗壳结构特点决定的，试图通过改变垫层平面铺设范围消除机墩结构的不均匀上抬既不现实亦无必要。

3.3　蜗壳内水压力水平方向外传的分布

3.3.1　座环径向变形

表 3.8 列出的是水荷载作用下各计算方案座环上环板内侧典型断面径向位移及其绝对值/平均值，表 3.9 列出的是水荷载作用下各计算方案座环上环板内侧对角最大径向相对变形及出现断面，表中正值表示径向变形向外，负值向内。

表 3.8　　　　　　　　座环上环板内侧径向位移　　　　　单位：mm

断面	$D-0$	$D-45$	$D-90$	$D-135$	$D-180$	$D-225$	$D-270$	$D-315$
0°	0.01	0.45	0.40	0.33	0.33	0.34	0.33	0.31
30°	0.12	0.58	0.85	0.75	0.72	0.73	0.73	0.73
60°	0.20	0.21	0.78	0.88	0.80	0.79	0.80	0.81
90°	0.17	0.09	0.39	0.83	0.76	0.73	0.74	0.74

断面	$D-0$	$D-45$	$D-90$	$D-135$	$D-180$	$D-225$	$D-270$	$D-315$
120°	0.10	0.04	0.05	0.64	0.70	0.66	0.65	0.65
150°	0.05	0.03	−0.03	0.08	0.62	0.59	0.55	0.55
180°	0.04	0.04	0.02	−0.04	0.19	0.54	0.50	0.48
210°	−0.05	−0.05	−0.05	−0.08	−0.11	0.27	0.41	0.39
240°	−0.18	−0.19	−0.18	−0.19	−0.23	−0.20	0.24	0.23
270°	−0.31	−0.33	−0.33	−0.33	−0.34	−0.37	−0.13	0.01
300°	−0.33	−0.36	−0.38	−0.38	−0.38	−0.39	−0.41	−0.19
330°	−0.08	−0.04	−0.10	−0.12	−0.11	−0.11	−0.14	−0.15
绝对值/平均值	0.14	0.20	0.30	0.39	0.44	0.47	0.47	0.44

表 3.9　座环上环板内侧对角最大径向相对变形及出现断面

方案	$D-0$	$D-45$	$D-90$	$D-135$	$D-180$	$D-225$	$D-270$	$D-315$
径向相对变形/mm	−0.23	0.53	0.80	0.69	0.61	1.00	1.14	1.12
出现断面	120°-300°	30°-210°	30°-210°	60°-240°	30°-210°	30°-210°	30°-210°	30°-210°

表 3.8 中的数据显示，同一断面位于垫层平面铺设范围内时，座环上环板内侧径向位移远大于该断面位于垫层平面铺设范围外时相应的数值，例如 90°断面座环上环板内侧径向位移在 $D-135$ 和 $D-180$ 情况下分别为 0.83mm 和 0.76mm，而在 $D-0$ 和 $D-45$ 情况下分别为 0.17mm 和 0.09mm。垫层平面末端位置由 0°断面移至 180°断面过程中，座环径向位移绝对值平均值增加明显，而超过 180°断面后绝对值平均值变化不大。分析表明垫层平面铺设范围在 0°断面至 180°断面之间增加时，对座环径向刚度削弱十分明显，不利于控制座环上环板径向位移。

由表 3.9 可以看到，$D-225$、$D-270$ 和 $D-315$ 方案座环上环板内侧对角最大径向相对变形较大，$D-0$ 方案座环上环内侧对角最大径向相对变形最小。除 $D-0$ 方案外，各方案最大径向相对变形均为正值，即座环上环板内侧对角相对张开，出现在 $30°-210°$ 断面和 $60°-240°$ 断面；$D-0$ 方案最大径向相对变形为负值，出现在 $120°-300°$ 断面。以上事实说明，在水荷载作用下，座环在平面上有由圆变为椭圆的趋势，长轴位于 $45°-225°$ 断面方向附近，短轴位于 $135°-315°$ 断面方向附近，此趋势不随垫层平面铺设范围变化而变化，但垫层平面铺设范围会影响座环对角径向相对变形大小。

综合以上分析可以看出，单纯从控制座环对角径向相对变形的角度讲，垫层平面末端不宜铺设至蜗壳 $180°$ 断面以后，显然 $D-0$ 方案（近似直埋方案）最优。但若考虑蜗壳外围混凝土的开裂问题，垫层平面末端铺设至蜗壳 $0°$ 断面和 $45°$ 断面之间或 $135°$ 断面和 $180°$ 断面之间是适宜的。

3.3.2 机墩结构径向变形

表 3.10 列出的是水荷载作用下各计算方案下机架基础典型断面径向位移及其绝对值/平均值，表 3.11 列出的是水荷载作用下各计算方案下机架基础对角最大径向相对变形及出现断面，表中正值表示径向变形向外，负值向内。

表 3.10　　　　　　　　　下机架基础径向位移　　　　　　单位：mm

断面	$D-0$	$D-45$	$D-90$	$D-135$	$D-180$	$D-225$	$D-270$	$D-315$
0°	0.10	0.13	0.11	0.09	0.08	0.08	0.08	0.07
30°	0.41	0.43	0.43	0.40	0.39	0.39	0.40	0.39
60°	0.65	0.62	0.65	0.63	0.61	0.60	0.61	0.61
90°	0.69	0.66	0.65	0.65	0.63	0.62	0.62	0.62
120°	0.62	0.60	0.57	0.56	0.56	0.55	0.54	0.54
150°	0.56	0.54	0.51	0.49	0.48	0.47	0.46	0.45
180°	0.48	0.48	0.45	0.42	0.41	0.41	0.39	0.38
210°	0.38	0.38	0.37	0.34	0.32	0.31	0.30	0.29

断面	$D-0$	$D-45$	$D-90$	$D-135$	$D-180$	$D-225$	$D-270$	$D-315$
240°	0.15	0.14	0.13	0.12	0.10	0.08	0.07	0.06
270°	−0.11	−0.13	−0.14	−0.15	−0.16	−0.18	−0.20	−0.21
300°	−0.30	−0.33	−0.35	−0.35	−0.36	−0.37	−0.40	−0.40
330°	−0.24	−0.24	−0.27	−0.28	−0.28	−0.28	−0.30	−0.31
绝对值/平均值	0.39	0.39	0.39	0.38	0.37	0.36	0.36	0.36

表 3.11   下机架基础对角最大径向相对变形及出现断面

方案	$D-0$	$D-45$	$D-90$	$D-135$	$D-180$	$D-225$	$D-270$	$D-315$
径向相对变形/mm	0.80	0.81	0.80	0.75	0.71	0.70	0.70	0.68
出现断面	60°-240°	30°-210°	30°-210°	60°-240°	30°-210°/60°-240°	30°-210°	30°-210°	30°-210°

对比表 3.10 和表 3.4 可以看出，下机架基础径向位移整体水平低于竖向位移。表 3.10 中的数据显示，下机架基础径向位移大小受垫层平面铺设范围影响较小，数值影响在 0.11mm 以内，径向位移绝对值平均值随垫层平面铺设范围变化很小。

结合表 3.10 和表 3.11 可以看到，各方案下机架基础对角径向相对变形均为正值，在水荷载作用下下机架基础有向四周膨胀的趋势。随垫层平面铺设范围变大，对角最大径向相对变形逐渐减小，减幅最大为 16%。从出现断面看，下机架基础对角最大径向相对变形都出现在 30°-210° 断面或 60°-240° 断面，这与前面分析的座环径向相对变形规律是相似的。但与座环不同的是，垫层平面铺设范围越大，越有利于下机架基础对角径向相对变形的控制，这是因为垫层的铺设可以减小机墩下部大体积混凝土的承载比。

表 3.12 列出的是水荷载作用下各计算方案定子基础典型断

面径向位移及其绝对值/平均值，表 3.13 列出的是水荷载作用下各计算方案定子基础对角最大径向相对变形及出现断面，表中正值表示径向变形向外，负值向内。

表 3.12　　　　　　　　定子基础径向位移　　　　　　单位：mm

断面	D−0	D−45	D−90	D−135	D−180	D−225	D−270	D−315
0°	0.18	0.23	0.21	0.18	0.18	0.18	0.17	0.16
30°	0.52	0.57	0.58	0.54	0.53	0.53	0.53	0.53
60°	0.81	0.78	0.83	0.80	0.78	0.77	0.78	0.78
90°	0.87	0.82	0.82	0.84	0.81	0.80	0.79	0.79
120°	0.80	0.77	0.73	0.74	0.73	0.71	0.70	0.70
150°	0.70	0.68	0.64	0.62	0.62	0.62	0.60	0.59
180°	0.60	0.59	0.56	0.53	0.52	0.51	0.51	0.50
210°	0.50	0.50	0.48	0.45	0.43	0.43	0.41	0.40
240°	0.27	0.25	0.24	0.23	0.20	0.18	0.17	0.15
270°	−0.02	−0.05	−0.06	−0.07	−0.09	−0.11	−0.14	−0.14
300°	−0.26	−0.29	−0.31	−0.32	−0.33	−0.34	−0.37	−0.37
330°	−0.19	−0.21	−0.24	−0.25	−0.25	−0.26	−0.28	−0.28
绝对值/平均值	0.48	0.48	0.47	0.46	0.46	0.45	0.45	0.45

表 3.13　　　　定子基础对角最大径向相对变形及出现断面

方案	D−0	D−45	D−90	D−135	D−180	D−225	D−270	D−315
径向相对变形/mm	1.08	1.07	1.07	1.03	0.98	0.96	0.95	0.93
出现断面	60°−240°	30°−210°	60°−240°	60°−240°	60°−240°	30°−210°	60°−240°	30°−210°/60°−240°

对比表 3.12 和表 3.10 可以看出，各计算方案定子基础径向位移普遍大于下机架基础，这是因为定子基础半径大于下机架基础，且定子基础径向荷载较大。与下机架基础相似的是，定子基

础径向位移大小和绝对值平均值受垫层平面铺设范围影响较小。

结合表 3.13 和表 3.11 可以看到，定子基础对角最大径向相对变形随垫层平面铺设范围变化规律也与下机架基础相似，同样出现在 30°-210°断面或 60°-240°断面，垫层平面铺设范围越大，越有利于定子基础对角径向相对变形的控制。

综合以上分析，从控制机墩结构径向位移和对角径向相对变形的角度讲，垫层平面铺设范围越大越有利。但由于机墩结构径向位移和变形随垫层平面铺设范围变化不明显，在确定垫层平面铺设范围时，其不宜作为主要因素考虑。

3.3.3 座环抗剪性能

垫层平面铺设范围不同情况下座环对混凝土的 X 方向和 Z 方向剪力合力见图 3.1，X 方向水平指向厂房左侧为正，Z 方向水平指向厂房下游为正。

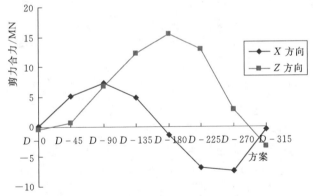

图 3.1 各方案座环对混凝土的剪力合力

由图 3.1 可以看出，座环对混凝土的剪力随垫层平面铺设范围不同变化明显。X 方向剪力在 $D-0$ 方案下仅为 0.13MN，随着垫层平面铺设范围在 0°～90°断面之间扩大，X 方向剪力迅速增加，$D-90$ 方案下 X 方向剪力达到 7.30MN；随着垫层平面铺设范围在 90°～180°断面之间继续延伸，X 方向剪力又迅速减小，D – 180 方案下 X 方向剪力减至 -1.36 MN，说明垫层平面末端铺设至 $180°$ 断面附近时 X 方向剪力由指向厂房左侧变为指向厂房右侧；随后 X 方向剪力在负方向上继续增加，D – 270 方案下 X 方向剪力负向达到峰值 7.42 MN；当垫层平面铺设范围在 $270°$～$315°$ 断面之间继续延伸时，$-X$ 方向剪力减小迅速，D – 315 方案下 X 方向剪力仅为 -0.39 MN。

与 X 方向剪力随垫层平面铺设范围变化规律相比，Z 方向剪力变化趋势相对简单。除 D – 0 方案和 D – 315 方案外，Z 方向剪力均为正值。D – 0 方案下 Z 方向剪力仅为 -0.50 MN，随着垫层平面铺设范围在 $45°$～$180°$ 断面之间扩大，Z 方向剪力由 0.64 MN 迅速增加至 15.55 MN；垫层平面末端过了 $180°$ 断面后，Z 方向剪力开始减小，D – 225 方案和 D – 270 方案下 Z 方向剪力分别为 12.96 MN 和 2.82 MN，表明垫层平面铺设范围在 $225°$～$270°$ 断面之间扩大时，Z 方向剪力减小十分迅速；当垫层平面铺设范围在 $270°$～$315°$ 断面之间继续延伸时，Z 方向剪力改变方向，D – 315 方案下 Z 方向剪力为 -3.31 MN。

座环对混凝土的 X 方向和 Z 方向剪力主要是由钢蜗壳承受水平面内 X 方向和 Z 方向不平衡水压力引起的。垫层平面铺设范围变化会改变钢蜗壳四周的结构刚度分布，显然垫层平面铺设范围内钢蜗壳四周的结构刚度要小于垫层平面铺设之外范围，即垫层平面铺设范围内钢蜗壳承担更大内水压力比例，由此引起钢蜗壳承受了水平面内不平衡水压力。此不平衡力指向钢蜗壳四周结构刚度较小的方向（垫层平面铺设范围），由钢蜗壳传给与之焊接在一起的座环，再由座环通过地脚螺栓及环板与混凝土之间的摩擦等途径传给混凝土，由此产生座环对混凝土的剪力。因此座环对混凝土的剪力本质上取决于钢蜗壳四周的结构刚度分布不均匀程度。

显然 D – 90 方案和 D – 270 方案钢蜗壳四周的结构刚度分布 X 方向不均匀程度最大，D – 180 方案 Z 方向不均匀程度最大，所以以上三个方案下分别出现 $+X$ 方向、$-X$ 方向和 $+Z$ 方向剪力峰值，$D-90$ 方案和 $D-270$ 方案对座环 X 方向抗剪性能最不利，$D-180$ 方案对座环 Z 方向抗剪性能最不利。$D-0$ 方案下钢蜗壳 $0°\sim315°$ 断面之间未铺设垫层，$D-315$ 方案下钢蜗壳 $0°\sim315°$ 断面之间全部铺设垫层，两方案钢蜗壳四周的结构刚度分布在 X 方向和 Z 方向上都比较均匀，所以座环对混凝土 X 方向和 Z 方向的剪力都比较小。

实际上，影响座环抗剪性能的是座环对混凝土 X 方向和 Z 方向的剪力矢量合，各方案座环对混凝土的剪力矢量见图 3.2。

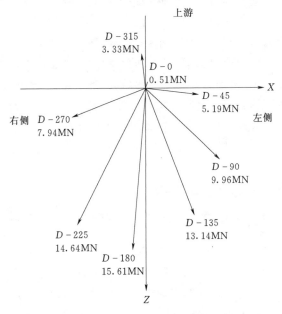

图 3.2　各方案座环对混凝土的剪力矢量

由图 3.2 可以看出，座环对混凝土的剪力随着垫层平面铺设范围在 $0°\sim180°$ 断面之间扩大而增加，$D-180$ 方案下剪力峰值达到 15.61MN，垫层平面末端过了 $180°$ 断面后，剪力开始减小，$D-315$ 方案下剪力减为 3.33MN。

由剪力矢量图还可以看出，随垫层平面铺设范围顺水流方向（图中顺时针方向）延伸，剪力方向也顺水流方向变化。值得注意的是，剪力较大的方案剪力方向均指向靠近相应方案垫层平面铺设范围中部的径向，例如 $D-180$ 方案剪力方向靠近 90°断面，这也进一步说明座环对混凝土的剪力取决于钢蜗壳四周的结构刚度分布不均匀程度。

从剪力大小看，$D-135$ 方案、$D-180$ 方案和 $D-225$ 方案剪力较大，均超过 13MN（1300t）。以上三方案平面内钢蜗壳四周有一半左右范围铺设垫层，且铺设范围位于蜗壳管径较大的厂房下游侧，造成厂房上下游侧钢蜗壳四周的结构刚度分布不均匀程度很大，所以剪力较大，指向下游。

综合以上分析，从优化座环抗剪性能的角度讲，垫层平面铺设范围应尽可能使得钢蜗壳四周的结构刚度分布均匀，垫层平面末端应尽量避免铺设在 135°～225°断面之间；显然 $D-0$ 方案（近似直埋方案）对座环抗剪性能最有利。若蜗壳直管段外围混凝土的开裂问题比较突出，则可以考虑将垫层平面末端向下游延伸至蜗壳 0°～90°断面之间合适的位置；若蜗壳外围混凝土整个范围开裂问题都比较突出，垫层平面末端宜铺设至 270°断面之后，但需考虑钢蜗壳抗振因素。

3.3.4 流道结构承受的扭转力比例

广义的水轮机流道结构包括钢蜗壳、止推环和座环等组成的引水与导水系统。流道结构除承受巨大的蜗壳内水压力外，还与外围钢筋混凝土结构共同组成机组的下部支撑体系，承受水平面内径向不平衡力和竖向荷载，同时还承受由蜗壳内水压力引起的不平衡水推力（见图 3.3 中的 P）。对于垫层蜗壳结构，由于垫层的设置，水轮机厂家十分重视流道结构承受的不平衡水推力，且认为不平衡水推力主要由止推环承担，一般止推环按其至少承担不平衡水推力的 50%进行设计[54]。有的厂家甚至采取一些特殊措施抵抗不平衡水推力，例如东方电机有限公司在进行三峡电站右岸 17 号和 18 号水轮机结构设计时，在座环上环板与机坑里衬连接处设抗扭矩环[55]。马震岳等的一系列研究也表明，垫层的存在会降低流道系统的轴向刚度和抗扭转刚度[17,56]。而谭恢村在对三峡右岸电站座环蜗壳进行整体刚强度分析后发现，垫层的设置并未造成钢蜗壳在水流方向出现很大位移，不平衡水推力大部分和蜗壳与混凝土间的摩擦力平衡，座环未承受周向巨大的扭矩[57]。

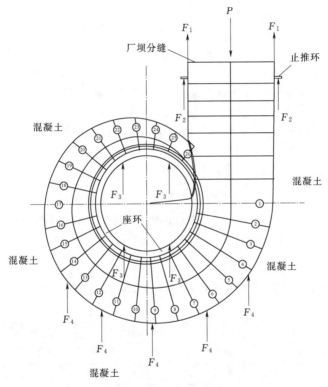

图 3.3　流道结构受力简图

从已有的研究可以看出，流道结构承受的不平衡水推力对垫层蜗壳结构的作用机理和影响程度在学术界和工程界尚未有统一认识和明确结论。因此在对水电站厂房进行结构设计时，此因素是需要重视的，在确定垫层平面铺设范围时，此因素是需要考虑的。实际上，不平衡水推力相对于机组纵轴线对蜗壳结构有一个扭转作用，根据承受部位的不同，此扭转作用由四部分平衡，将流道结构作为脱离体，受力简图见图 3.3。

图 3.3 中 P 表示不平衡水推力（扭转力），如 2.2 节所述，此力等于钢蜗壳直管段进口断面面积与内水压力值的乘积，对于本章研究对象，$P = \pi \times 6.1^2 \times 1.58 = 184.70 \mathrm{MN}$；$F_1$ 表示引水钢管对钢蜗壳直管段的作用力，若厂坝分缝处设伸缩节，则 $F_1 \approx 0$；F_2 表示混凝土对止推环的作用力；F_3 表示混凝土对座环的 Z 向作用力，此力与座环对混凝土的 Z 向剪力互为作用力和反作用力；F_4 表示混凝土对钢蜗壳的作用力，此力由混凝土和钢蜗壳之间的法向压力和切向摩擦力组成。根据力的平衡原理，$P = F_1 + F_2 + F_3 + F_4$，则 $P_1 = F_1/P$、$P_2 = F_2/P$、$P_3 = F_3/P$ 和 $P_4 = F_4/P$ 分别表示引水钢管、止推环、座环和混凝土承受的扭转力比例。

3.3.4.1　设伸缩节情况

各计算方案下引水钢管、止推环、座环和混凝土分别承受的扭转力大小见表 3.14，表中负值表示混凝土对座环结构作用力向下游。各部分承受的扭转力比例随垫层平面铺设范围的变化趋势见图 3.4。

表 3.14　设伸缩节情况下流道结构各部分承受的扭转力大小

单位：MN

承受部位	D-0	D-45	D-90	D-135	D-180	D-225	D-270	D-315
引水钢管（F_1）	0	0	0	0	0	0	0	0
止推环（F_2）	36.32	40.48	42.60	43.29	43.50	43.51	43.43	43.35
座环（F_3）	−0.50	0.64	6.78	12.22	15.55	12.96	2.82	−3.31
混凝土（F_4）	148.88	143.58	135.32	129.19	125.65	128.23	138.45	144.66

由表 3.14 和图 3.4 可以看出，止推环承受的扭转力大小在垫层平面末端由 0°断面延伸至 90°断面过程中增加相对明显，增幅约 17%，垫层平面末端超过 90°断面后，止推环承受的扭转力

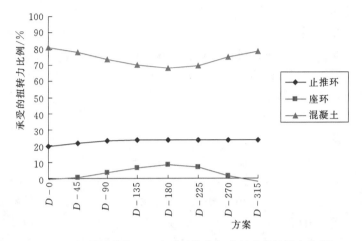

图 3.4 设伸缩节情况下流道结构各部分承受的扭转力比例

变幅在 3％以内，$D - 225$ 方案下最大达到 43.51MN；各方案下止推环承受的扭转力比例变化比较平稳，基本在 $20\% \sim 24\%$，说明厂坝分缝处设伸缩节的情况下，止推环承受的扭转力比例不会因为垫层平面铺设范围的改变而发生较大变化。相比于止推环，座环承受的扭转力大小变化明显，变化规律在 3.3.3 节已经描述过；座环承受的扭转力比例最大不超过 9％，$D - 0$ 方案（近似直埋方案）和 $D - 315$ 方案（垫层全包方案）下座环承受的扭转力比例最小，减小的比例主要由混凝土分担。

以上分析表明，在厂坝分缝处设伸缩节的情况下，对于垫层蜗壳结构，止推环所起平衡扭转力作用（止推作用）比较明显，但此作用与垫层平面铺设范围关系不大，按照文献［54］提到的至少承担不平衡水推力的 50％设计止推环是偏于保守的。尽管座环承受的扭转力比例最大不到止推环的一半，但座环的受力条件较之止推环为差，因此确定垫层平面铺设范围时需考虑此因素，尽可能减小座环承受的扭转力比例。各方案下混凝土承受的扭转力比例最小也达到 68％，说明尽管有垫层的存在，蜗壳外围大体积混凝土依然是承受流道结构不平衡水推力的主体。

3.3.4.2 取消伸缩节情况

取消伸缩节不但可以节省工程投资和运行期伸缩节的维护维修等费用，还可以缩短工期、提前发电，经济效益可观，是水电站压力管道过缝结构型式改进设计的发展趋势，国内外已应用较多[58]。取消伸缩节情况下，大坝内压力钢管与钢蜗壳直管段直接焊接，由于压力钢管外设置有加劲环，因此计算中蜗壳直管段进口施加轴向约束，模拟压力钢管对流道结构的作用。

取消伸缩节各计算方案下引水钢管、止推环、座环和混凝土分别承受的扭转力大小见表 3.15，表中负值表示混凝土对流道结构作用力向下游。各部分承受的扭转力比例随垫层平面铺设范围的变化趋势见图 3.5，由于混凝土对止推环作用力向下游，且作用力较小，故图中将引水钢管和止推环视为一个整体。

表 3.15   取消伸缩节情况下流道结构各部分承受的扭转力大小

单位：MN

承受部位	$D-0$	$D-45$	$D-90$	$D-135$	$D-180$	$D-225$	$D-270$	$D-315$
引水钢管（F_1）	58.86	61.10	63.01	63.61	63.88	64.16	64.57	65.31
止推环（F_2）	-4.98	-2.57	-1.85	-1.60	-1.60	-1.78	-2.16	-2.79
座环（F_3）	-1.53	-0.49	5.56	10.99	14.30	11.71	1.57	-4.57
混凝土（F_4）	132.35	126.66	117.98	111.7	108.12	110.61	120.72	126.75

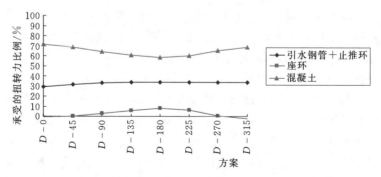

图 3.5   取消伸缩节情况下流道结构各部分承受的扭转力比例

由表 3.15 可以看出，取消伸缩节情况下止推环在上游引水钢管和下游钢蜗壳直管段共同作用下，所受不平衡力数值较小，由于上游引水钢管作用力大于下游，致使混凝土对止推环作用力向下游，说明此时止推环已起不到止推作用，其在不平衡水推力作用下与混凝土一起有向下游位移的趋势。取而代之的是引水钢管承受了比较大的扭转力，类似设伸缩节情况时止推环所起的止推作用。随垫层平面铺设范围扩大，引水钢管承受的扭转力一直增大，由 $D-0$ 方案下 58.86MN 增至 $D-315$ 方案下 65.31MN，增幅约 11%，在垫层平面末端由 0°断面延伸至 90°断面过程中增加相对明显，增幅约 7%。值得注意的是，引水钢管承受的扭转力随垫层平面铺设范围扩大递增的规律与设伸缩节情况时止推环是不同的，后者承受的扭转力随垫层平面铺设范围扩大先增后减。

比较图 3.5 和图 3.4 可以看到，是否设伸缩节对座环和混凝土承受的扭转力比例随垫层平面铺设范围扩大的变化规律没有影响，取消伸缩节情况下引水钢管和止推环共同承受的扭转力比例与设伸缩节情况时止推环单独承受的扭转力比例随垫层平面铺设范围扩大的变化规律也十分相似。从数值上看，取消伸缩节情况下，引水钢管和止推环共同承受的扭转力比例基本为 29%～34%，比设伸缩节时止推环单独承受的提高了约 10 个百分点，说明取消伸缩节情况下引水钢管所起的止推作用更大，完全可以取代止推环；座环承受的扭转力比例最大不超过 8%，大小与设伸缩节时相当，说明取消伸缩节不会对座环承受的扭转力比例有质的影响。

综合以上分析，取消厂坝分缝处伸缩节情况下，对于垫层蜗壳结构，引水钢管所起平衡扭转力作用（止推作用）比较明显，可以取代止推环；然而与止推环类似，引水钢管所起平衡扭转力作用与垫层平面铺设范围关系不大，且此作用主要通过引水钢管对蜗壳直管段的轴向拉力实现，受力条件比止推环抗剪情况优越，因此取消伸缩节通过引水钢管轴向拉力平衡扭转力作用有利于流道结构受力，不需要设置止推环。取消伸缩节情况下，确定垫层平面铺设范围时需考虑的主要因素依然是座环，垫层平面末端设置在 90°断面之前或 270°断面之后对减小座环承受的扭转力比例是有利的。与设伸缩节时相比，取消伸缩节情况下混凝土承受的扭转力比例降低了约 10 个百分点，最小为 59%，说明取消伸缩节情况下混凝土依然承受了大部分不平衡水推力。需要说明的是，尽管混凝土承受的扭转力比例下降的部分主要由引水钢管分担，但从数值上看，引水钢管分担的扭转力最大仅为 65.31MN，引起蜗壳直管段进口处轴向平均拉应力约为 33MPa，说明引水钢管分担此级别的扭转力是没有问题的。

3.3.4.3 垫层失效情况

对于垫层蜗壳结构，垫层起着定量调节钢蜗壳与外围混凝土分担内水压力比例的作用，然而在频繁的加-卸载工况下，垫层材料是否具有良好的压缩回弹性和耐久性，在设计寿命期内，垫层材料能否保持力学性能和物理化学特性基本稳定，对垫层蜗壳结构的安全性至关重要。若垫层材料出现硬化现象，极端的情况即相当于蜗壳直埋，外围混凝土分担的内水压力比例将显著提高；若垫层材料压缩回弹性不良，极端情况下钢蜗壳与外围混凝土之间会出现脱空现象，钢蜗壳分担的内水压力比例将显著提高。后一种情况下，流道结构承受的扭转力比例会如何变化是值得关注的，以下计算中将垫层变形模量设为 0.1MPa，模拟垫层失效情况。

设伸缩节时垫层失效情况下各计算方案下引水钢管、止推环、座环和混凝土分别承受的扭转力大小见表 3.16，表中负值表示混凝土对座环结构作用力向下游。各部分承受的扭转力比例随垫层平面铺设范围的变化趋势见图 3.6。

对比表 3.16 和表 3.14 可以看出，设伸缩节时垫层失效情况下止推环承受的扭转力大小增加明显，垫层平面末端铺设至 180°断面以后的方案增幅超过 90%，增幅最小也达到 50%，说明垫层失效时止推环将承受更大扭转力，垫层平面铺设范围超过

表 3.16　　　　　设伸缩节时垫层失效情况下流道结构
各部分承受的扭转力大小　　　　单位：MN

承受部位	$D-0$	$D-45$	$D-90$	$D-135$	$D-180$	$D-225$	$D-270$	$D-315$
引水钢管（F_1）	0	0	0	0	0	0	0	0
止推环（F_2）	54.41	68.68	77.29	80.95	82.49	82.92	82.97	82.82
座环（F_3）	−4.08	−4.67	5.27	15.81	23.42	21.37	5.48	−4.83
混凝土（F_4）	134.37	120.69	102.14	87.94	78.79	80.41	96.25	106.71

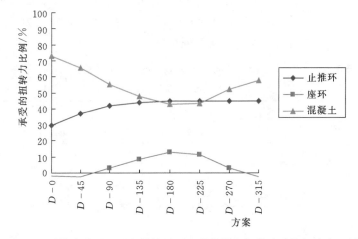

图 3.6　设伸缩节时垫层失效情况下流道结构各部分承受的扭转力比例

180°情况下增加近 1 倍，数值接近 83MN。垫层失效时座环承受
的扭转力增加也比较明显，$D-180$ 方案下最大值达到
23.42MN，增幅超过 50%，从数值上看，垫层平面末端设置在
90°断面之前或 270°断面之后时，座环承受的扭转力相对较小，
小于 6MN。

　　由图 3.6 可以看到，设伸缩节时垫层失效情况下随垫层平面
铺设范围扩大，止推环承受的扭转力比例在 29%～45% 之间变
化，此时止推环所起止推作用十分明显，垫层平面铺设范围越大
止推作用越强。垫层失效不影响座环承受的扭转力比例随垫层平
面铺设范围变化规律，但导致座环承受的扭转力比例增大，$D-$

180 方案下为 13%，说明即使在垫层失效情况下座环也不会成为承受流道结构不平衡水推力的主体。相比而言，混凝土承受的扭转力比例在垫层失效时下降明显，大部分方案下已低于 60%，D - 180 方案和 D - 225 方案下甚至低于止推环承受的扭转力比例，不到 44%，说明垫层失效情况十分不利于蜗壳外围大体积混凝土承受不平衡水推力，对流道结构不利。

取消伸缩节时垫层失效情况各计算方案下引水钢管、止推环、座环和混凝土分别承受的扭转力大小见表 3.17，表中负值表示混凝土对座环结构作用力向下游。各部分承受的扭转力比例随垫层平面铺设范围的变化趋势见图 3.7。

表 3.17　　　　取消伸缩节时垫层失效情况下流道结构
各部分承受的扭转力大小　　　　单位：MN

承受部位	D - 0	D - 45	D - 90	D - 135	D - 180	D - 225	D - 270	D - 315
引水钢管（F_1）	62.88	69.95	75.61	78.14	79.50	80.37	81.23	82.29
止推环（F_2）	10.24	19.02	23.24	24.95	25.46	25.26	24.65	23.69
座环（F_3）	−5.27	−6.19	3.41	13.80	21.40	19.34	3.47	−6.83
混凝土（F_4）	116.85	101.92	82.44	67.81	58.34	59.73	75.35	85.55

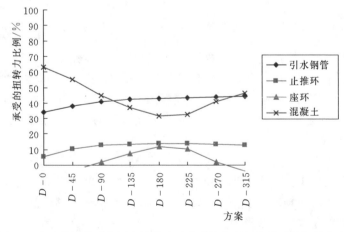

图 3.7　取消伸缩节时垫层失效情况下流道结构各部分承受的扭转力比例

对比表 3.17 和表 3.15 可以看出，取消伸缩节时垫层失效情况下止推环所受下游钢蜗壳直管段作用力大于上游引水钢管作用力，此时止推环起到一定止推作用，但从承受的扭转力大小看，止推环所起的止推作用不及引水钢管。垫层失效情况下引水钢管承受的扭转力大小有一定增加，增幅为 7%～26%，垫层平面铺设范围越大增幅越大，这表明垫层失效时引水钢管将承受更大扭转力。垫层失效时座环承受的扭转力在 $D-180$ 方案下最大值达到 21.40MN，增幅接近 50%。结合表 3.16 可以看出，不论是否设伸缩节，垫层失效时座环承受的扭转力在两种情况下大小相当，随垫层平面铺设范围变化规律一样，依然是垫层平面末端设置在 90°断面之前或 270°断面之后时较小。

由图 3.7 可以看到，取消伸缩节时垫层失效情况下随垫层平面铺设范围变化，止推环承受的扭转力比例在 6%～14%之间变化，所起止推作用较小。座环承受的扭转力比例在 $D-180$ 方案下最大不超过 12%，依然不是承受流道结构不平衡水推力的主体。大部分方案下，引水钢管承受的扭转力比例都超过了 40%，所起止推作用强于止推环。当垫层平面末端设置在 135°～270°断面时，混凝土承受的扭转力比例低于引水钢管，此时混凝土不再是承受流道结构不平衡水推力的主体。

综上所述，对于垫层蜗壳结构，垫层失效情况对流道结构承受不平衡水推力影响明显。设伸缩节时止推环所起止推作用体现充分，当垫层平面铺设范围超过 90°时，止推环会承受 40%以上的不平衡水推力，这也表明按照文献［54］提到的至少承担不平衡水推力的 50%设计止推环尽管偏于保守，但若考虑垫层失效这一极端情况，设计也是基本合理的。然而取消伸缩节时，垫层失效情况下止推环所起止推作用较小，作用可以被引水钢管取代。尽管垫层失效情况下座环承受的扭转力比例依然不大（13%以下），但数值大小增加明显，因此确定垫层平面铺设范围时垫层平面末端宜设置在 90°断面之前或 270°断面之后，以此提高垫层失效情况下座环抗剪的安全储备。从混凝土承受的扭转力比例看，无论是否设伸缩节，垫层失效时大部分方案下已低于 60%，说明垫层失效情况十分不利于蜗壳外围大体积混凝土承受不平衡水推力。值得注意的是，设伸缩节时垫层失效情况下混凝土与止推环承受的扭转力比例相当，因此在考虑垫层失效极端情况时，在设伸缩节情况下同时设置止推环对于提高流道结构的安全储备是十分必要的。

3.4　垫层适宜平面铺设范围

　　3.2 节和 3.3 节分别从蜗壳内水压力的竖向和水平方向外传两方面澄清了垫层的平面铺设范围如何影响蜗壳内水压力的外传模式，并基于此探讨了垫层适宜的平面铺设范围，总结见表 3.18。

表 3.18　　　　　　　　　　垫层适宜平面铺设范围

考虑因素		垫层平面末端 适宜设置区域	垫层平面末端 避免设置区域	说　明
座环位 移变形	竖向位移	90°～180°断面之间	270°断面之后	135°断面附近最优
	径向变形	0°～45°或 135°～180° 断面之间	180°断面之后	0°～45°断面更优
座环抗剪性能		0°～90°断面之间或 270°断面之后	135°～225°断面	0°～45°断面之间更 优，但需考虑混凝土开 裂问题；270°断面之后 需考虑钢蜗壳抗振因素
机墩结 构位移 变形	竖向位移	90°断面之后	0°～45°断面	135°～180°断面之间 最优
	径向变形	范围越大越有利	范围越小越不利	不宜作为主要因素
流道结 构承受 的扭转 力比例	设伸缩节	0°～90°断面之间或 270°断面之后	135°～225°断面	设置止推环对于流 道结构是必要的；取 消伸缩节有利于流道 结构受力，不需要设 置止推环
	取消伸 缩节	0°～90°断面之间或 270°断面之后	135°～225°断面	
	垫层失效	0°～90°断面之间或 270°断面之后	135°～225°断面	

可以看出，从控制座环和机墩结构位移变形角度讲，垫层平面末端适宜设置区域为蜗壳135°～180°断面，而从对座环抗剪性能和流道结构受力有利的角度讲，垫层平面末端宜设置在蜗壳0°～90°断面或270°断面之后。显然要兼顾上述四方面找到一个垫层适宜的平面铺设范围是不现实的。例如为了控制座环和机墩结构的位移变形，垫层平面末端设置在蜗壳135°～180°断面，则对座环抗剪性能和流道结构受力很不利；反之，如果重点考虑座环抗剪性能和流道结构受力，垫层平面末端设置在蜗壳0°～90°断面之间，则对控制机墩结构不均匀上抬位移不利，垫层平面末端设置在蜗壳270°断面之后，又对控制座环竖向位移和径向变形不利。

以上分析说明，绝对意义上的垫层适宜平面铺设范围是不存在的，各方面垫层平面末端适宜设置区域无法统一，甚至对于某方面有利的垫层平面铺设范围恰好是另外一方面需要避免的。因此，在确定垫层平面铺设范围时，应针对实际蜗壳结构问题的主要矛盾，在次要矛盾满足结构要求的前提下，最终决定垫层平面末端适宜的设置位置，以此规避主要矛盾。

3.5 本章小结

夹于钢蜗壳和混凝土之间的软垫层可以通过其自身的压缩变形给蜗壳钢衬提供较大的膨胀空间，以此减小蜗壳内水压力外传至混凝土的比例。随垫层平面铺设范围顺水流向延伸，钢蜗壳外表面在水平面内的结构刚度分布会显著变化，外在力学表现为垫层平面铺设范围内的蜗壳内水压力外传比例明显降低，加剧了水平面内蜗壳内水压力外传分布的不均匀性。此种水平面内不均匀的外传水压力最终被大体积混凝土结构平衡，同时引起钢蜗壳-混凝土组合结构在水平面内的静力响应分布的不均匀性。

本章分别从蜗壳内水压力的竖向和水平方向外传两方面研究了垫层的平面铺设范围如何影响蜗壳内水压力的外传模式，并试图从兼顾水电站厂房的"结构安全"和"发电安全"两方面考虑确定垫层适宜的平面铺设范围。研究结果表明，各方面垫层平面末端适宜设置区域无法统一，实际工程设计中应该根据具体结构遇到的主要和次要矛盾，确定一个相对合理的垫层平面铺设范围。

第 4 章

蜗壳垫层材料的压缩特性

4.1　蜗壳垫层材料概述

4.1.1　垫层材料的应用基本情况

在我国水电站实际工程中，根据蜗壳结构设计的需要，垫层弹性模量一般不高于 10MPa，通常在 1～3MPa 之间；厚度一般在 20～50mm 范围内选取，近年在大型机组中更多采用 20～30mm。常用的垫层材料有：聚氨酯软木（PU 板，应用于拉西瓦、李家峡等工程）、聚苯乙烯泡沫塑料（PS 板，应用于小浪底等工程）、高压聚乙烯闭孔泡沫塑料（PE 板，应用于龙滩、三峡等工程）、柴油沥青锯末砖等。相比于前三种材料，柴油沥青锯末砖的压缩模量较大，早期应用较多，例如龙羊峡水电站 1～3 号机组采用了此种材料（压缩模量为 130MPa，厚 50mm）作为蜗壳垫层。由于其较大的压缩模量，要达到工程师期望的"减力"或"传力"效果，若按照文献 [26] 提出的以垫层厚度与压缩模量比（d/E）作为参数指标选择垫层控制混凝土的承载比，则必须采用较厚的柴油沥青锯末砖垫层，这不符合现代大型水电站蜗壳结构的设计要求和理念，因此近年来柴油沥青锯末砖的应用越来越少。

欧美国家应用垫层蜗壳结构型式较少，其设计理念期望垫层能够在最大限度上阻断蜗壳内水压力外传至混凝土，因而倾向于采用更"软"的垫层材料。美国的《水电站结构规划和设计规范》[59] 规定垫层应采用闭孔泡沫材料（Closed cell foam material），聚氯乙烯（Polyvinylchloride）和聚氨酯（Polyure-thane）泡沫都被允许使用，其压缩特性应满足在 50 个 psi（Pounds per square inch）法向压力作用下 1/4 英寸厚的泡沫材料被压缩 0.1 英寸，即产生 0.4 的压缩应变；换算为国际单位即要求垫层材料的压缩模量约为 0.86MPa，该量值小于我国通常采用的垫层压缩模量范围（1～3MPa）。美国规范[59] 在对垫层材料种类和压缩特性作出规定的同时，对其厚度未作明确规定，只是说明垫层厚度取决于蜗壳钢衬的直径和壁厚以及承受的内水压力大小。

4.1.2 蜗壳垫层的实际工作状态

从近年建设的采用垫层蜗壳结构型式的高水头大型水电站的实际情况看，蜗壳设计内水压力接近甚至超过 2MPa 的实例并不鲜见（小浪底 1.91MPa，龙滩 2.42MPa，拉西瓦 2.76MPa），按照一般蜗壳结构设计理念期望的蜗壳内水压力外传 30% 左右估算，垫层实际工作中所受压力水平最大达到 0.6～0.8MPa 是可能的。

蜗壳垫层的实际工作特点包括：①垫层在水电站服役期间要经历成百上千次加-卸压过程（机组停机蜗壳放空检修即为完全卸压情况）；②由于水电站实际运行需要以及上游水库水位的变化，垫层在每次加-卸压过程中所受最大压力一般是各不相同的；③根据水电站过渡过程和机组运行的要求，机组开机和停机过程（蜗壳充水和放水过程）持续时间较长（10s 以上）[60]，该过程中垫层的受压可以认为是准静态的；④电站运行过程中蜗壳承受的脉动水压力（Fluctuating water pressure）与静水压力（Hydrostatic pressure）相比数值很小（前者的幅值一般为后者的 1% 左右）[61-62]，同时空间上机组振源距离垫层铺设位置较远，由于能量耗散作用，机组振动荷载通过机墩和蜗壳外围大体积混凝土结构向下传递到垫层上的作用与静水压力作用相比同样不大，因此垫层在电站运行过程中以静态受压为主；⑤垫层实际工作中单次受压持时较长；⑥垫层实际工作中夹于材料刚度远大于其自身的蜗壳钢板和外围混凝土之间，处于有侧限的受压状态。

4.2 蜗壳垫层材料压缩特性的试验研究

4.2.1 垫层压缩试验的研究现状

文献［39］报道了聚氨酯软木、聚苯乙烯泡沫塑料和高压聚乙烯闭孔泡沫塑料 3 种常用垫层材料在常规和热老化（70℃，240h）两种条件下的准静态加-卸载试验应力-应变关系成果（见图 4.1）。试验成果表明，相比于聚氨酯软木，两种泡沫塑料材料很软，在小于 0.4MPa 的压力下，压缩变形就很大，应力-应变关系表现出明显的非线性特点，压力超过 0.1MPa 后，等效压缩模量迅速减小，随应变增加材料软化十分明显；聚氨酯软木的应力-应变关系规律性稍强，但从文献［39］中表 1 和表 2 的数据来看，常规和热老化两种条件下压力由 0MPa 增至 0.85MPa 时，材料的等效压缩模量分别减小 54％和 45％，应力-应变关系的非线性特点以及材料随应变增加的软化特性同样表现比较明显。

文献［39］的初步研究成果定性说明了工程中常用的 3 种垫层材料在加-卸压条件下的应力-应变响应关系均表现出不同程度的非线性特点，随应变增加的材料软化特性是类似的。然而，文献［39］对材料压缩试验的加-卸载过程未作细致交代，总共加-卸载的次数、每次加载的峰值大小以及每次加载峰值是否变化等试验前提尚不明确，没有给出加-卸载试验中垫层材料的全过程应力-应变响应关系；另外，在加载的最后阶段，两种泡沫塑料材料的压缩应变随加压的继续增大反而减小，该疑问是需要也是

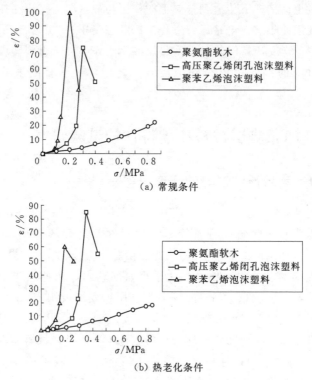

图 4.1　常用垫层材料准静态加-卸载试验应力-应变曲线[39]

值得进一步研究澄清的。

　　作为文献 [39] 的后续研究，文献 [40] 单独针对聚氨酯软木材料，取厚度为 30mm、面积为 30cm² 的圆形试样，采用杠杆式固结仪加压，比较详细地研究了在相对简单的准静态加-卸压条件下材料压缩模量的特性，并分析了软木粒度、容重、压缩次数和试验侧限条件四个因素对压缩模量的影响。试验总共加-卸压 20 次，每次加-卸压过程一致，加压峰值为 0.8MPa，级差为 0.2MPa，以材料试样受压 0.0125MPa 作为初始状态。根据文献 [40] 中表 1 所列数据可以得到材料的 20 次加-卸压全过程应力-应变响应关系，图 4.2 显示了第 1 次、第 2 次、第 10 次、第 11

次、第 19 次和第 20 次加-卸压循环的应力-应变曲线。材料残余应变（Permanent strain）随加-卸压次数增加的发展趋势见图 4.3。由图 4.2 和图 4.3 可以看出，聚氨酯软木材料在循环准静态加-卸压条件下的应力-应变发展路径十分复杂，非线性特点明显且表现出较强的滞回特性（Hysteresis）；材料残余应变随加-卸压次数的增加逐渐发展，20 次循环后残余应变达到 0.3。

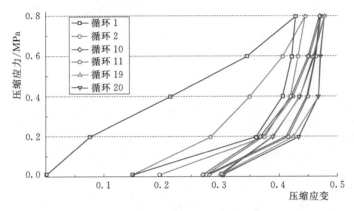

图 4.2　聚氨酯软木材料部分准静态加-卸压循环应力-应变曲线[40]

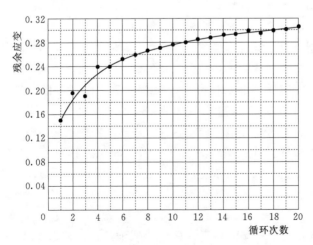

图 4.3　聚氨酯软木材料残余应变的发展趋势[40]

文献［40］的结论推荐在有侧限的前提下，宜采用 20 次逐级加-卸载试验所得数据确定垫层材料的压缩模量。若直接采用图 4.2 中第 20 次加压得到的压应变峰值（0.477）计算材料的压缩模量，其值为 1.68MPa；若排除最终残余应变（0.305）对总应变（0.477）的影响，按文献［40］中表 2 的提法垫层材料的"非线性弹性工作应变"为 0.172，这样计算得到的"有效压缩模量"值为 4.65MPa。在实际工程设计中采用 1.68MPa 还是4.65MPa 作为聚氨酯软木垫层材料的压缩模量值对蜗壳结构设计影响很大，并且都不能合理反映材料应力-应变关系的非线性特点，更不能考虑材料的残余变形，这是由材料线弹性假设前提的本质决定的。另外需要特别指出，文献［40］的试验数据表明聚氨酯软木垫层材料的等效压缩模量随应变增大而增大，表现出硬化特性，这与文献［39］针对同一种材料的研究结果是相反的，其原因尚不明晰，这亦说明了垫层材料的非线性压缩特性之复杂。

4.2.2　其他工程泡沫塑料的力学性能

迄今水电工程界专门针对蜗壳垫层材料压缩特性的理论研究还处于起步阶段，尚未受到足够重视。而在材料科学领域，如蜗壳垫层材料一类的泡沫塑料的力学性能近年一直是研究热点，国内外众多学者从微观和宏观的角度做了大量探索。

由相对微观的扫描电镜（SEM）分析结果可以得知，不同压缩载荷作用下如蜗壳垫层材料一类的泡沫塑料的力学性能强烈依赖于材料密度和泡体结构特性，准静态加载下泡体壁存在两种主要的破坏模式：塑性失效（包括壁的弯折和屈曲）和弹性失效（泡体壁的张开型断裂）[63]。Hawkins 等针对采用较小尺寸圆柱模成型的聚氨酯泡沫塑料利用扫描电镜的手段探寻了泡体单元形态（Cell morphology）与材料压缩模量以及失效应力(Collapse stress)的关系，研究表明泡体的形状（Shape）和排列方向（Orientation）对材料的压缩特性有明显影响[64]。Shivakumar 等全面研究了黏弹性（Viscoelastic）、高回弹性（High resilient）和半刚性（Semi-rigid）3 种典型聚氨酯泡沫塑料的压缩特性，并利用扫描电镜的手段从材料微观结构（Microstructure）层面解释了 3 种典型压缩特性的内在形成机理，SEM 图像显示泡体的开孔（Open cell）或闭孔（Closed cell）状态与材料宏观的回弹性能密切相关[65]。

在微观研究层面，研究者关注的是泡沫塑料材料的泡体单元属性与材料外在力学表现之间的关系，期望从材料微观结构的角度寻找和解释材料非线性压缩、部分回弹、残余（不可逆）变形和失效等宏观力学行为的形成和发展机制。而在宏观层面，由于不同工程应用领域的需要，各种泡沫塑料材料在准静态和动态荷载作用下的静动力响应特性则是研究焦点。Shen 等选取了一种类似于汽车内部防撞的开孔聚氨酯泡沫材料作为研究对象，以 0.75 作为恒定压缩应变控制指标，研究了材料在 100 次循环动态加-卸压作用（折合材料应变率为 $14s^{-1}$）下的应力-应变关系和吸能特性，试验结果说明该材料应力-应变曲线（见图 4.4）的非线性特点和滞回特性与蜗壳结构常用的聚氨酯软木垫层材料比较相似，但残余应变随加-卸压次数的增加发展缓慢，数值不大（100 次循环后小于 0.06），表现出较好的回弹性[66]。束立红等对某用于隔振器中的聚氨酯材料进行了小型圆柱形试件静态压缩试验，研究发现在压缩应变小于 0.25 的范围内该材料的应力-

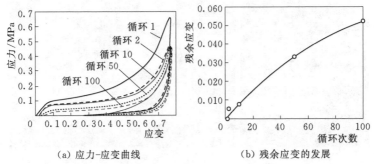

(a) 应力-应变曲线　　　　(b) 残余应变的发展

图 4.4　某开孔聚氨酯泡沫材料的压缩应力-应变关系和残余应变的发展[66]

应变关系可以较好地用两条直线表示，表现出一定的弹塑性[67]。伊哈卜等为得到某应用于公路路堤下减荷的聚苯乙烯泡沫塑料材料的物理力学性能，通过室内压缩试验和蠕变试验，对不同密度的材料进行了有侧限、无侧限影响下的准静态应力-应变及蠕变性能的分析，研究发现材料的整个受压变形过程大致可分为线弹性、屈服、硬化 3 个阶段[68]。

从当前有关蜗壳垫层材料及与其类似的其他工程泡沫塑料的力学性能研究情况看，各种合成或半合成的泡沫塑料材料的压缩特性是十分复杂的，远非简单的线弹性本构模型所能描述，材料在受压过程中表现出非线性应力-应变关系和非弹性这一客观事实是可以明确的，并且这些宏观表现可以在部分已有的材料微观层面研究成果中找到相应的机理解释和支持。然而由于泡沫塑料材料在工程中的用途不同，故各行业对材料的基本力学性能要求各异，研究的侧重点也各有不同，因此相互之间的借鉴价值有限。

4.2.3　材料和加-卸压方案

选取近年蜗壳结构工程实践中常用的 PU 板和 PE 板作为研究对象（见图 4.5），两种材料分别由陕西西安和河北衡水两个厂家提供，PU 板的密度为 300kg/m³，PE 板的密度为 100kg/

（a）PU 板应用于丰满水电站　　　（b）PE 板应用于三峡水电站

图 4.5　PU 板和 PE 板在蜗壳结构工程实践中的应用情况

m^3。为降低材料试样个体的影响，两种材料分别制作 3 个圆柱体试样，试样直径约 6.18cm（截面积 $30cm^2$），厚度 2cm。垫层实际工作中板间由密封胶填充，周边与混凝土接触，即垫层是在有侧限的条件下受压。为考虑这种侧限条件，材料试样由环刀切割成型，并且试样的受压过程也在环刀内完成，见图 4.6。压缩试验在土工轴承式单杠杆固结仪上完成，压力荷载利用砝码自重 1∶12 放大施加，试样的压缩变形采用百分表（精度 0.01mm）测得，见图 4.7。

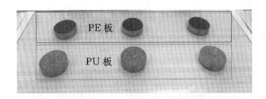

图 4.6　垫层材料试样

图 4.7　压缩试验装置

　　每种材料 3 个试样的加-卸压过程同时进行，最大压力荷载定为 1.0MPa，加压与卸压过程均分 10 级完成，级差 0.1MPa。为保证空载状态下试样上表面与加压板充分接触，以获得试样准确的残余变形，每次循环中卸压的最后一步并不撤去全部砝码，而是保留 0.0125MPa 的压力，将此视作空载状态。每次循环中加压与卸压的 1～9 级的荷载持续时长定为 20min，但考虑到一般聚合物材料具有的蠕变特性[69]，为保证试样变形充分，将每次循环中加压与卸压的第 10 级的荷载持续时长分别延长至 15h（夜间）和 3h（中午），这样单次加-卸压循环总共持续 24h。单次荷载循环的加-卸压方案见图 4.8。

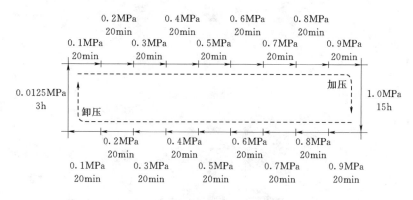

图 4.8　单次荷载循环的加-卸压方案

4.2.4　试验结果

　　经过 6 次加-卸压循环，两种材料的应力-应变响应路径均趋于稳定，原始试验数据见表 4.1 和表 4.2。对于每种材料，以下采用 3 个试样压缩变形量的平均值代表材料的实际变形，用于描述材料的应力-应变响应路径。每种材料共计得到 120 组压缩变形数据（6 个加-卸压循环，每个循环 20 组），有关标准差的部分代表值见表 4.3。

表 4.1　　　　　PU 板试样压缩量的原始试验数据

试样号	循环次数		压　力/MPa										
			0.0	0.1	0.2	0.3	0.4	0.5	0.6	0.7	0.8	0.9	1.0
试样1压缩量/mm	1	压缩	0.00	1.03	1.54	2.07	2.66	3.29	3.94	4.66	5.40	6.38	8.36
		回弹	2.20	6.20	6.97	7.41	7.69	7.88	8.04	8.16	8.24	8.31	
	2	压缩		2.99	3.69	4.49	5.29	6.02	6.60	7.05	7.43	7.76	8.80
		回弹	4.24	6.98	7.62	7.99	8.23	8.39	8.52	8.62	8.70	8.76	
	3	压缩		5.19	5.88	6.52	7.04	7.43	7.75	8.00	8.25	8.45	8.96
		回弹	4.66	7.20	7.85	8.19	8.41	8.56	8.68	8.78	8.85	8.91	
	4	压缩		5.60	6.26	6.85	7.33	7.68	7.98	8.22	8.45	8.61	9.05
		回弹	4.82	7.46	7.98	8.31	8.53	8.68	8.79	8.88	8.95	9.01	
	5	压缩		5.69	6.35	6.96	7.45	7.82	8.11	8.33	8.52	8.66	9.11
		回弹	4.87	7.64	8.17	8.47	8.64	8.78	8.87	8.95	9.02	9.07	
	6	压缩		5.77	6.40	7.00	7.48	7.83	8.12	8.33	8.52	8.67	9.14
		回弹	4.83	7.64	8.16	8.47	8.64	8.78	8.88	8.97	9.04	9.09	
试样2压缩量/mm	1	压缩	0.00	1.08	1.59	2.12	2.72	3.36	4.04	4.80	5.56	6.55	8.50
		回弹	2.25	6.31	7.11	7.55	7.84	8.03	8.19	8.31	8.39	8.46	
	2	压缩		3.03	3.76	4.62	5.45	6.19	6.78	7.23	7.61	7.94	9.00
		回弹	4.36	7.11	7.79	8.17	8.41	8.57	8.71	8.81	8.89	8.95	
	3	压缩		5.26	6.01	6.71	7.24	7.63	7.95	8.20	8.44	8.64	9.13
		回弹	4.82	7.34	8.01	8.35	8.58	8.74	8.86	8.95	9.02	9.08	
	4	压缩		5.71	6.40	7.04	7.52	7.88	8.17	8.41	8.64	8.80	9.22
		回弹	5.07	7.60	8.13	8.46	8.69	8.84	8.95	9.04	9.11	9.17	
	5	压缩		5.86	6.55	7.19	7.69	8.06	8.34	8.56	8.74	8.89	9.28
		回弹	5.11	7.80	8.35	8.65	8.82	8.95	9.05	9.13	9.19	9.25	
	6	压缩		5.92	6.59	7.21	7.71	8.06	8.35	8.56	8.75	8.89	9.30
		回弹	5.12	7.79	8.34	8.64	8.81	8.95	9.05	9.14	9.20	9.26	

试样号	循环次数		压 力/MPa										
			0.0	0.1	0.2	0.3	0.4	0.5	0.6	0.7	0.8	0.9	1.0
试样3压缩量/mm	1	压缩	0.00	1.10	1.57	2.05	2.59	3.19	3.79	4.45	5.19	6.14	8.09
		回弹	2.15	5.93	6.71	7.14	7.43	7.62	7.79	7.90	7.99	8.05	
	2	压缩		2.87	3.53	4.31	5.06	5.76	6.34	6.78	7.17	7.49	8.53
		回弹	4.00	6.64	7.32	7.70	7.95	8.11	8.25	8.36	8.44	8.49	
	3	压缩		4.86	5.57	6.24	6.76	7.15	7.48	7.74	7.98	8.18	8.67
		回弹	4.42	6.85	7.53	7.88	8.11	8.28	8.40	8.49	8.57	8.63	
	4	压缩		5.25	5.92	6.54	7.03	7.39	7.69	7.94	8.17	8.34	8.75
		回弹	4.66	7.10	7.64	7.99	8.22	8.38	8.49	8.58	8.65	8.71	
	5	压缩		5.42	6.07	6.69	7.19	7.57	7.86	8.08	8.27	8.41	8.81
		回弹	4.70	7.30	7.85	8.17	8.34	8.48	8.58	8.66	8.72	8.77	
	6	压缩		5.49	6.13	6.71	7.21	7.57	7.86	8.08	8.27	8.42	8.83
		回弹	4.71	7.29	7.85	8.18	8.33	8.47	8.58	8.66	8.73	8.78	

表 4.2　　　　　　　PE 板试样压缩量的原始试验数据

试样号	循环次数		压 力/MPa										
			0.0	0.1	0.2	0.3	0.4	0.5	0.6	0.7	0.8	0.9	1.0
试样1压缩量/mm	1	压缩	0.00	1.58	4.87	7.40	9.07	10.13	10.79	11.12	11.25	11.35	11.74
		回弹	9.03	11.08	11.37	11.53	11.60	11.66	11.69	11.72	11.73	11.74	
	2	压缩		11.07	11.60	11.95	12.18	12.34	12.46	12.54	12.59	12.65	12.84
		回弹	11.47	12.30	12.54	12.67	12.73	12.77	12.80	12.82	12.83	12.84	
	3	压缩		12.55	12.95	13.21	13.39	13.52	13.60	13.64	13.69	13.74	13.87
		回弹	11.59	13.41	13.63	13.74	13.78	13.81	13.84	13.85	13.86	13.87	
	4	压缩		12.69	13.10	13.36	13.52	13.62	13.70	13.74	13.79	13.83	13.92
		回弹	11.71	13.43	13.65	13.76	13.82	13.85	13.88	13.90	13.90	13.92	
	5	压缩		12.75	13.15	13.39	13.55	13.63	13.70	13.74	13.79	13.83	13.93
		回弹	11.95	13.48	13.68	13.77	13.83	13.87	13.89	13.91	13.92	13.93	

续表

试样号	循环次数		0.0	0.1	0.2	0.3	0.4	0.5	0.6	0.7	0.8	0.9	1.0
试样1压缩量/mm	6	压缩		12.85	13.24	13.44	13.58	13.65	13.71	13.76	13.80	13.84	13.93
		回弹	11.97	13.48	13.68	13.77	13.83	13.86	13.89	13.91	13.92	13.92	
试样2压缩量/mm	1	压缩	0.00	1.57	4.84	7.45	9.11	10.13	10.78	11.14	11.28	11.40	11.83
		回弹	9.27	11.15	11.49	11.63	11.70	11.76	11.80	11.82	11.82	11.83	
	2	压缩		10.92	11.68	12.15	12.34	12.44	12.52	12.59	12.65	12.72	12.92
		回弹	11.51	12.41	12.64	12.74	12.81	12.86	12.89	12.91	12.91	12.92	
	3	压缩		12.60	13.12	13.37	13.47	13.55	13.63	13.69	13.75	13.81	13.95
		回弹	11.69	13.50	13.68	13.78	13.86	13.90	13.93	13.94	13.94	13.94	
	4	压缩		12.88	13.35	13.49	13.59	13.66	13.73	13.79	13.85	13.90	14.00
		回弹	11.75	13.56	13.73	13.83	13.90	13.94	13.98	13.99	13.99	14.00	
	5	压缩		12.93	13.37	13.49	13.59	13.66	13.73	13.79	13.86	13.91	14.01
		回弹	12.05	13.60	13.76	13.84	13.91	13.95	13.98	14.00	14.00	14.01	
	6	压缩		13.04	13.41	13.51	13.60	13.67	13.75	13.81	13.87	13.92	14.01
		回弹	12.08	13.60	13.76	13.85	13.91	13.95	13.98	14.00	14.01	14.01	
试样3压缩量/mm	1	压缩	0.00	1.64	5.18	7.50	9.01	9.97	10.57	10.87	11.01	11.13	11.59
		回弹	9.25	10.96	11.26	11.41	11.48	11.53	11.56	11.59	11.59	11.59	
	2	压缩		10.81	11.50	11.92	12.05	12.15	12.23	12.30	12.37	12.43	12.64
		回弹	11.34	12.17	12.40	12.52	12.57	12.61	12.63	12.64	12.64	12.64	
	3	压缩		12.38	12.88	13.07	13.17	13.26	13.34	13.40	13.46	13.52	13.67
		回弹	11.55	13.25	13.47	13.56	13.62	13.64	13.66	13.66	13.67	13.67	
	4	压缩		12.64	13.04	13.18	13.28	13.35	13.44	13.50	13.56	13.61	13.72
		回弹	11.62	13.31	13.52	13.61	13.66	13.69	13.70	13.71	13.71	13.72	
	5	压缩		12.68	13.06	13.19	13.29	13.36	13.44	13.50	13.56	13.61	13.72
		回弹	11.73	13.36	13.54	13.62	13.67	13.69	13.70	13.71	13.71	13.72	
	6	压缩		12.70	13.07	13.18	13.29	13.36	13.44	13.50	13.56	13.60	13.69
		回弹	11.73	13.34	13.52	13.60	13.65	13.67	13.68	13.68	13.69	13.69	

（表头）压力/MPa

表 4.3 两种材料压缩变形量标准差的代表值 单位：mm

材料	最大值	中位值	平均值
PU 板	0.258	0.234	0.219
PE 板	0.188	0.143	0.137

考虑到试样厚度为 20mm，对于两种材料，试样压缩量测值的离散程度均在可接受范围内（标准差平均约为试样厚度的 1%）。PU 板压缩量测值的离散程度明显高于 PE 板，这可能是由 PU 板中存在相对较大的软木颗粒及相对较小的试样尺寸引起。

图 4.9 给出了两种垫层材料在循环加-卸压作用下的应力-应变响应路径。可以看出，两种材料的压缩-回弹响应过程均表现出了显著的非线性和非弹性的特点，前 3 个循环过程中，两种材料表现出了较明显的应变软化行为。在每个循环中加压与卸压过程的最后一步，应力-应变响应曲线均存在明显的转折（应力/应变梯度变缓），这是由每个循环中加压与卸压过程的最后一步持续时间较长引起，也表明两种材料均具有较明显的蠕变特性。

在每次加压过程中，两种材料的应力/应变梯度均随压力的增加而增大，即"越压越硬"，这种现象在其他结构泡沫材料的加-卸压循环试验中也有所表现[66]。出现上述现象的原因是：在加载的初始阶段，材料的宏观压缩变形在微观层面体现为自身刚度较小的泡体壁的弯折和屈曲，因而应力随应变的发展增加较慢；随着材料进一步被压缩，泡体壁弯折至一定程度后逐渐开始相互接触，宏观上体现为材料被压实，因而应力随应变发展的增速明显加快。对比两种材料的压缩响应过程可以看出，PE 板的硬化现象更明显，即应力-应变响应的非线性程度更高，这是由于 PU 板中刚度较大的软木颗粒在材料受压的过程中能够通过相互挤压作用承担相当部分的压力荷载，避免了聚氨酯泡体壁过快的弯折和屈曲，使得材料整体的压缩过程

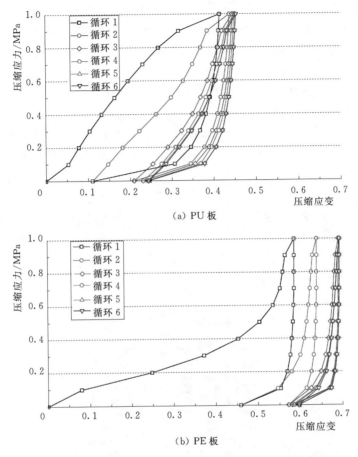

(a) PU 板

(b) PE 板

图 4.9　循环加-卸压作用下垫层材料的应力-应变响应路径

更为趋于线性。

文献 [66] 指出，结构泡沫材料通常可被视为固（聚合物）-气（空气）两相材料，在材料受压过程中，聚合物和空气均会吸收一定能量。从图 4.9 中两种材料的应力-应变曲线的滞回发展趋势看，材料在前 2 次循环中的吸能较多，随后在单次循环中的吸能趋于稳定。这是由于在前 2 次受压循环中，材料中的空气在被挤出的过程中，吸收了相当部分能量，但随着材料中聚合物自身逐步出现的不可逆破坏（泡体壁断裂），材料中的气相所占空间比例大幅减少，因而在后期的循环中材料的吸能主要依靠固相自身，吸能总量减小。对比两种材料压缩-回弹响应相对稳定的循环 3～6 可以看出，PU 板的滞回环面积明显大于 PE 板，说明在排除了材料中气相因素的影响后，前者的吸能能力更强，这应归因于 PU 板中软木颗粒具有的较强的吸能特性[70]。

图 4.10 显示了两种材料经过 6 次加-卸压循环后的残余变形情况，图 4.11 显示了两种材料的残余应变随循环加-卸压作用的发展趋势。可以看出，两种材料在循环加-卸压作用下均存在显著的残余应变，前 2 次循环完成后残余应变增大明显，从第 3 次循环开始发展逐渐趋于稳定，最终 PE 板的残余应变超过了 PU 板的 2 倍。

图 4.10　垫层材料经过 6 次加-卸压
循环后的残余变形

4.2.5　讨论

本节的试验研究表明，水电站蜗壳结构工程实践中最常用的两种垫层材料 PU 板和 PE 板均具有显著的非线性、不可逆的压缩特性。随着近年来直埋-垫层组合型式蜗壳设计日益强调"结

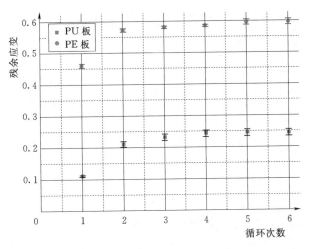

图 4.11　垫层材料残余应变随循环加-卸压作用的发展

构调控"的设计理念,工程界应该及时提高对垫层材料压缩特性的认识,尽快从"线弹性"阶段过渡到"非线性"阶段,这也是实现对钢蜗壳-混凝土组合结构受力调控的关键一步。

　　相比于 PE 板,PU 板压缩过程的非线性程度相对较低,吸能特性更优;上述两种优势均与 PU 板中掺入的软木颗粒有关,前者有利于蜗壳结构的受力调控,而后者则有利于钢蜗壳的水力抗振,因而仅从以上两个角度的对比看,PU 板更适合作为蜗壳垫层材料。需要强调,在若干次加-卸压循环荷载的作用后,两种材料均出现了较为明显的永久残余变形,在实际工程中,垫层材料的这种残余变形不仅会显著改变蜗壳内水压力的外传机制,还会在一定程度上降低蜗壳组合结构的完整性。因而垫层材料在出厂前,宜提前经历足够次数和时长的"预压"过程,以尽可能减小垫层材料后期在水电站服役过程中可能出现的残余变形,最大限度上降低垫层材料残余变形对蜗壳结构受力的潜在不利影响;在此情况下,垫层材料的力学设计参数须基于已经历过"预压"过程的试样压缩-回弹数据确定。

4.3 蜗壳垫层材料压缩特性的数值模拟

4.3.1 垫层数值模拟的研究现状

如 1.4.2 节所述，在当前蜗壳结构有限元数值分析的应用实践中，假定垫层为线弹性材料几乎成为默认前提，但也有学者注意到了其中的问题，并在计算中做出了一些积极的尝试，试图考虑垫层材料的非线性压缩特性。例如文献［16］和文献［27］采用两级弹簧分段模拟聚氨酯软木垫层的压缩模量，文献［71］和文献［72］采用分段线性模型构造实体单元描述聚苯乙烯泡沫塑料垫层的材料非线性力学特性。上述工作在不同程度上改进了垫层线弹性描述中"线性假设"部分的不足，但依然没有脱离"弹性假设"的前提，材料可能出现的不可逆的滞回特性和残余变形未被考虑。

目前，一些商业有限元程序已经将近年来有关如蜗壳垫层一类的合成或半合成材料力学本构关系的最新研究成果引入其中[73-75]，并得到了较好应用。Gilchrist 等借助 ABAQUS 软件并采用单轴压缩试验的数据定义材料属性，成功预测了一种 PS 材料锥状试件在平面应变条件下受冲击时的变形情况和冲击力（Impact force）的变化过程[76]。Rizov 采用类似的方法定义了一种闭孔 PVC 泡沫材料，对某夹心梁（Sandwich beam）和夹心板（Sandwich panel）的静态压痕试验（Static indentation test）过程进行了有限元数值模拟，计算结果与试验加-卸压过程中得到的数据吻合较好（见图 4.12）[77]。Pitarresi 等对某 PA 泡沫材料的数值模拟结果与双线性（Bilinear）模型解析解的对比同样证实了 ABAQUS 模拟泡沫一类材料压缩过程的有效性[78]。

由于泡沫材料的力学性能与其微观几何结构密切相关，建立适当的泡体结构模型在微观层面对泡沫材料进行数值模拟是另一

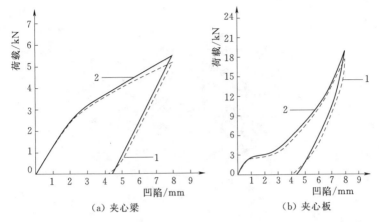

图 4.12　某夹心结构静态压痕试验与有限元数值模拟的结果对比[77]

种研究思路。卢子兴等基于各向异性开孔泡沫的随机模型，采用商业有限元程序 ANSYS 对低密度弹性开孔泡沫材料的压缩力学行为进行了有限元数值模拟，得到了其应力-应变曲线及弹性坍塌强度，讨论了模型的随机度、各向异性比及相对密度对力学性能的影响[79]，并与理论预测结果进行了对比[80]。Fischer 等为了考虑非均匀（Inhomogeneous）PVC 泡沫材料复杂的微观泡体形态，基于三维显微 CT（3D micro-CT）和二维扫描电镜（2D SEM）技术获取的材料微观空间几何信息建立了有限元模型（见图 4.13），采用 ABAQUS 模拟了不同密度材料的静态压缩过程，得到了与试验比较一致的计算结果[81]。

　　综合上述有关蜗壳垫层以及如蜗壳垫层一类合成或半合成材料的数值模拟的研究现状和发展动态可以看出，我国当前在水电站蜗壳结构数值模拟研究中对垫层材料的处理相对简单，垫层材料的力学本构关系研究尚未受到应有的重视，应用基础研究的薄弱造成应用水平的发展相对滞后。而借助三维显微 CT 和二维扫描电镜等技术手段，在微观层面对泡沫材料进行数值模拟，可以对材料的微观结构直接表达，使得泡体自身和相互之间作用的力学表现清晰明确，对揭示材料宏观力学特性有较强的应用价值，

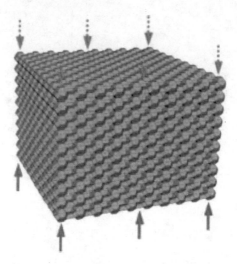

图 4.13 某非均匀 PVC 泡沫材料微观层面的有限元模型[81]

可以作为材料物理力学试验的重要补充或参考。然而，由于泡体的微观尺度与实际蜗壳结构的宏观尺度存在巨大差异，将微观层面的模拟方法直接应用到实际蜗壳结构数值分析中无疑会大大增加有限元计算规模，从目前的工程应用水平看是存在较大难度的，从工程应用需求看也是无必要的。从已有的一些对泡沫材料物理力学试验的数值模拟的研究发展看，采用适当的材料本构模型，结合必要的试验研究成果，较为准确地模拟蜗壳垫层材料的压缩特性，并应用于实际蜗壳结构有限元分析中是存在可能的，应用前景广泛。因此，从工程应用需求出发，在探明了复杂加-卸压条件下垫层材料的压缩-回弹响应机制后，还有必要研究如何采用适当的材料本构模型构建垫层材料压缩特性的合理数值表现方式，最终建立起理论研究与工程应用之间的"桥梁"。

4.3.2 数值模型

根据 4.2 节中的垫层材料试样尺寸，考虑到试样为圆柱体，如图 4.14 建立试样的平面轴对称有限元模型。基于当前有关蜗壳结构常用的非线性有限元分析平台 ABAQUS，试样采用四节点双线性轴对称实体单元模拟，模型总共包含 176 个单元和 204 个节点。图 4.14 中模型的左、右和下部边界均施加法向约束，分别模拟模型对称轴、侧限约束和底部约束；模型上表面施加均布压力荷载。

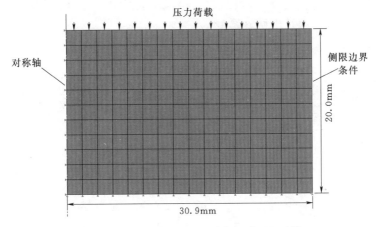

图 4.14 垫层材料试样的平面轴对称有限元模型

　　垫层材料在加压条件下的应力–应变响应采用 HYPERFOAM 模型描述，卸压时由能量耗散引起的软化特性采用 MULLINS EFFECT 模拟，两种模型中必要的材料参数通过 UNIAXIAL TEST DATA 选项结合材料的压缩应力-应变试验数据确定。对于两种材料，此处均选取近似稳定的循环 6 的试验数据作为 UNIAXIAL TEST DATA 选项的输入，而将前 5 次循环视作预压过程，以第 5 次循环后得到的带有残余变形的材料状态作为基准状态，基于此计算材料的应变。由于试验中垫层材料是在有侧限的条件下受压，故所得的压缩应力-应变数据已经包含了材料泊松效应的影响，因而数值模拟中假设材料的泊松比为 0。

4.3.3 对于 4.2 节试验的模拟结果

数值模拟假定试验加-卸压循环为一个持时 20s 的线性动力过程，加-卸载速率为 0.1MPa/s，第 10s 结束时加压达到峰值 1.0MPa。为了减小计算中材料自身质量的惯性效应对模拟结果的影响，将材料的密度设为一个极小值 $10^{-15}\,kg/m^3$。结果输出时间步长设为 0.2s，对应每个荷载级 0.02MPa。数值模拟结果与试验数据的对比见图 4.15。

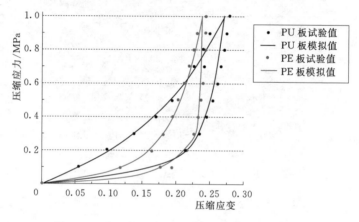

图 4.15 垫层材料压缩-回弹过程的数值模拟结果
与试验（4.2 节）数据的对比

总体来看，数值模拟对两种材料在压缩阶段的应力-应变响应过程的预测效果良好，最大应变的预测值略小于试验值，这也造成在卸压开始的软化阶段（1.0MPa 降至 0.6MPa）应变预测值均小于试验值，但两者的差距并不明显。图 4.15 的对比结果表明，在 ABAQUS 平台上采用 HYPERFOAM 和 MULLINS EFFECT 两者共同建立单次加-卸压循环中的垫层材料应力-应变响应关系，以此模拟垫层材料的非线性压缩-回弹响应行为是可行的。在材料应力-应变响应的试验数据充分的情况下，有关模型参数可以通过 UNIAXIAL TEST DATA 选项辅助确定。

4.3.4　对于文献〔40〕试验的模拟结果

为进一步验证 4.3.3 节提出的垫层材料压缩-回弹过程的数值模拟技术的可靠性，本节将文献〔40〕试验中的前 19 次加-卸压循环视为是"预加-卸压"过程，以第 19 次循环后得到的带有残余变形的垫层材料状态作为初始状态，在此基础上计算拟合得到垫层材料近似稳定的应力-应变响应曲线，见图 4.16。可以看出，在应变小于 0.1 的初始加载阶段，材料表现出线性应力-应变关系；之后随着受压加大，垫层材料被逐渐压实，应力-应变曲线开始变陡，材料表现出"应变-硬化"（strain-hardening）特点。在卸压阶段，材料开始表现出明显的"应力-软化"（stress-softened）特点，在压缩应力降至 0.2MPa 以下后，应力-应变曲线近似线性地逼近原点，最终完全卸压后材料的残余应变为 0.004。从设计的角度衡量，该值可以忽略。

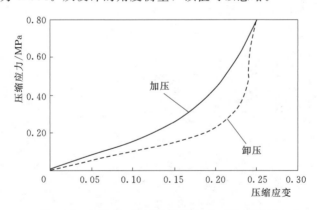

图 4.16　文献〔40〕试验第 20 次加-卸压循环中
垫层材料的相对应力-应变曲线

由于文献〔40〕原始试验数据有限（仅 4 个荷载级对应的应力-应变关系数据），将已有的每个荷载级 0.2MPa 平分为 10 份，使得材料的应力-应变曲线更加平滑，从而可以提高模拟精度。荷载级细分后相应的应变数据由式（4.1）插值计算得到：

$$\varepsilon = c_1\sigma^4 + c_2\sigma^3 + c_3\sigma^2 + c_4\sigma \qquad (4.1)$$

式中：c_i 为加压和卸压过程分别对应的拟合参数，见表 4.4。

表 4.4　加压和卸压过程分别对应的式（4.1）拟合参数

荷载路径	c_1	c_2	c_3	c_4
加压	−0.2612	0.9103	−1.2073	0.8303
卸压	−1.3804	3.7160	−3.5981	1.5204

在采用 HYPERFOAM 模型时，需要设定材料应变势能（Strain energy potential）的次数 N，以下分别定义 $N=2$ 和 $N=3$ 两种情况，验证数值模拟结果的合理性。

与 4.3.3 节类似，试验加-卸压循环被假定为一个持时 20s 的线性动力过程，加-卸载速率为 0.08 MPa/s，第 10s 结束时加压达到峰值 0.8MPa。结果输出时间步长设为 0.25s，对应每个荷载级 0.02MPa。数值模拟结果与原始试验数据及其插值拟合结果的对比见图 4.17。

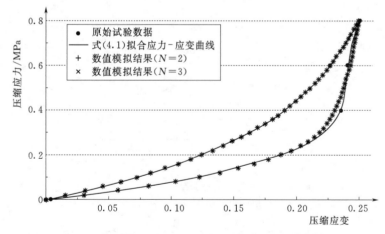

图 4.17　垫层材料压缩-回弹过程的数值模拟结果
与试验（文献 [40]）数据的对比

由图 4.17 可以看到，由式（4.1）插值拟合得到的应力-应变曲线与原始试验数据点吻合良好，能够合理反映材料的应力-应变响应趋势。$N=2$ 和 $N=3$ 两种情况下的数值模拟结果十分接近；除卸压开始的软化阶段（0.8MPa 降至 0.2MPa）数值模拟结果与拟合曲线略有差别外，其余部分两者基本吻合。这也说明采用式（4.1）定义出的材料参数是有效的，而 N 的取值对数值模拟结果的影响很小。

除了预测应力-应变曲线，ABAQUS 还可以计算一个加-卸压循环内材料由于滞回特性的耗能大小，其理论上等于应力-应变曲线中滞回环（Hysteresis loop）的面积，可以由式（4.2）积分得到：

$$\Delta E = \int_0^{\varepsilon_{max}} \left[\sigma_{ld}(\varepsilon) - \sigma_{ul}(\varepsilon) \right] d\varepsilon = \int_0^{\sigma_{max}} \left[\varepsilon_{ul}(\sigma) - \varepsilon_{ld}(\sigma) \right] d\sigma$$

$$(4.2)$$

式中：σ_{max} 和 ε_{max} 分别为最大应力和最大应变；σ_{ld} 和 ε_{ld} 分别为加压路径上的应力和应变；σ_{ul} 和 ε_{ul} 分别为卸压路径上的应力和应变。结合式（4.2）和式（4.1）及表 4.4 中的参数值可以得到单位面积×厚度材料的理论耗能值为 0.0268MJ/m^3。试样面积为 30cm^2，厚度为 2.1cm，可以计算得到一个加-卸压循环内试样的耗能应为 1.688J。$N=2$ 和 $N=3$ 两种情况下 ABAQUS 的计算结果分别为 1.674J 和 1.675J，与理论值的差距在 1% 之内，说明数值模拟对于材料滞回耗能的预测是可靠的。

4.4　本章小结

本章首先通过物理试验手段，研究了聚氨酯软木与聚乙烯闭孔泡沫等两种常用的水电站蜗壳垫层材料的压缩-回弹响应行为，结果表明两种材料均具有显著的非线性、不可逆的压缩特性，在若干次加-卸压循环荷载的作用后，两种材料均出现了较为明显的永久残余变形，上述垫层材料的力学特性理应在蜗壳结构的设计实践中加以考虑。而后，分别以 4.2 节和文献［40］的试验数据为基础，在 ABAQUS 平台上结合 HYPERFOAM 和 MULLINS EFFECT 两者成功实现了单次加-卸压循环中垫层材料非线性响应过程的数值重现，其中模型参数可以通过 UNIAX-IAL TEST DATA 选项直观、方便地确定。

本章研究结果表明，在蜗壳结构的设计中不应忽略垫层材料的非线性力学特性，上述基于 ABAQUS 平台的数值模拟技术能够简便地实现垫层材料的非线性力学描述。工程实践中在取得了垫层材料（经历过"预压"过程）相对稳定的压缩-回弹数据的基础上，可以采用上述技术简便地实现垫层材料的非线性力学描述，再结合近年来已在 ABAQUS 平台上应用相对成熟的损伤塑性模型描述混凝土材料，则可使垫层蜗壳结构的数值模拟达到一个新高度，进而提高垫层蜗壳结构的设计水平。

从本章试验的初步成果看，在时间尺度考虑较小的范围内，聚氨酯软木更适合作为蜗壳垫层材料。但须指出，由于试验条件和时长的限制，本章尚未研究两种垫层材料的蠕变特性及耐久性，因而以上给出的推荐仅供水电站结构设计工程师参考，若要更为科学严谨地选择相对较优的垫层材料，尚需进一步有关材料蠕变特性和耐久性等方面研究成果的支撑。

第5章

垫层材料非线性应力-应变
关系的影响

5.1　工程案例概况

　　第 4 章已经结合相关试验数据验证了采用 HYPERFOAM 和 MULLINS EFFECT 两者共同描述垫层材料非线性压缩特性的可行性。本章将该技术应用于拉西瓦水电站垫层蜗壳结构的有限元模拟中，探讨垫层材料非线性应力-应变关系对蜗壳内水压力外传的影响规律，分析同一垫层厚度对不同蜗壳子午断面内水压力外传影响的区别。

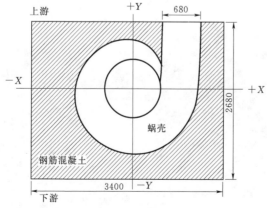

图 5.1　单个机组段蜗壳层平面图（单位：cm）

拉西瓦水电站总装机 4200MW，共 6 台 700MW 机组，安装于地下厂房内。厂房单个机组段上下游方向宽 26.8m，沿厂房纵轴线方向长 34m。蜗壳进口直径 6.8m，设计内水压力 2.76MPa，上表面铺设 20mm 厚的聚氨酯软木垫层。厂房单个机组段蜗壳层的平面图见图 5.1。

5.2　蜗壳结构的平面轴对称简化

由于蜗壳结构空间体型异常复杂，取蜗壳结构若干个子午断面作为对象进行结构设计或分析，而后将所取典型子午断面的结构受力分析结果推广到相应邻近的子午断面，作为蜗壳整体结构设计的依据，已经被工程界和学术界广泛接受。从工程设计的角度看，它使蜗壳结构平面框架简化计算成为可能；从结构研究的角度看，它既简化了复杂的蜗壳结构三维建模过程，降低了研究成本，又把握住了蜗壳结构的主要受力特点。文献 [22] 结合某垫层蜗壳结构的配筋问题对比了三维有限元和平面轴对称有限元分析的计算结果，验证了后者结果的可靠性。蜗壳结构的平面轴对称简化示意见图 5.2。

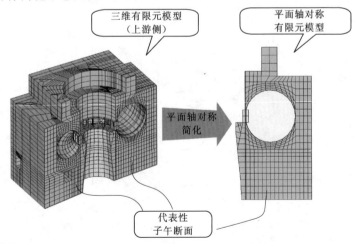

图 5.2　蜗壳结构的平面轴对称简化示意

5.3 有限元模型

选定图 5.1 中的 +X 和 −X 两个子午断面，分别建立平面轴对称有限元模型，见图 5.3。+X 模型包含 3216 个单元和 3292 个节点，−X 模型包含 3447 个单元和 3561 个节点。混凝土、垫层、围岩和座环固定导叶采用四节点双线性轴对称实体单元模拟，其中模拟座环固定导叶的部分单元的弹性模量和密度适当折减，以等效模拟空间不连续座环固定导叶的竖向刚度和自重。座环上下环板、蜗壳钢衬、尾水管钢衬、机井里衬和钢筋采用二节点线性轴对称壳单元模拟，其中模拟钢筋的壳单元厚度的设定原则为：保证沿钢筋铺设方向单位长度的壳单元横截面积（连续）等于单位长度内数根钢筋的总横截面积（不连续）。

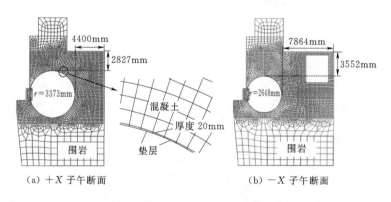

(a) +X 子午断面　　　　　　　(b) −X 子午断面

图 5.3　蜗壳结构平面轴对称有限元模型

模型中座环、各类钢衬及钢筋的模拟见图 5.4。所有模拟钢筋的壳单元通过 EMBEDDED ELEMENT 命令埋入混凝土实体单元，以此保证钢筋单元的节点与混凝土单元内对应位置的插值点具有相同的平动自由度，即实现钢筋和混凝土的平动位移协调，从而相互传力。

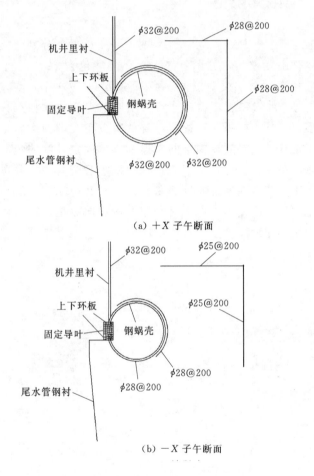

（a）＋X 子午断面

（b）－X 子午断面

图 5.4　有限元模型中的钢结构

通常垫层材料是通过黏合剂贴于钢蜗壳上表面，因此模型中垫层单元内表面与蜗壳钢衬单元共节点，即垫层与蜗壳钢衬两组单元作为一个整体，共同与外围混凝土发生接触关系。由于混凝土结构的刚度远大于蜗壳钢衬，因此在接触关系的定义中，混凝土单元内表面被作为主面（Master Surface），选择扩展拉格朗日方法（Augmented Lagrange Method）处理钢衬（垫层）-混凝土界面的接触约束。

5.4　计算参数

根据设计资料，钢衬-混凝土间的摩擦系数设为 0.2，基本材料参数见表 5.1，模型中各组壳单元的厚度见表 5.2。本计算采用的受拉损伤-应变曲线见图 2.3，混凝土受拉应力-应变曲线见图 2.4。

表 5.1　　　　　　　　　基 本 材 料 参 数

参数	混凝土	钢材	座环固定导叶	围岩
弹性模量/MPa	28000	206000	28644	10000
泊松比	0.167	0.3	0.3	0.27
密度/(kg/m³)	2500	7800	1080	2700

表 5.2　　　　　　　　壳 单 元 的 厚 度　　　　　单位：mm

断面	座环环板	蜗壳钢衬	机井里衬	尾水管钢衬	钢筋
+X 断面	180	97（过渡板），65，44	20	20	4.02（ϕ32），3.08（ϕ28）
-X 断面	180	77（过渡板），46，35	20	20	4.02（ϕ32），3.08（ϕ28），2.45（ϕ25）

为了说明垫层材料不同压缩特性对蜗壳结构受力的影响，以下分四种情况分别定义垫层材料的力学特性。首先按传统设计思路，假设垫层为线弹性材料，根据图 4.16 中 0.4MPa 和 0.8MPa 两个荷载级对应的应力/应变比值，计算得到两个压缩模量 E_m 分别为 2.10MPa 和 3.19MPa。另外，在不考虑和考虑垫层材料滞回特性的两种前提下，基于材料非线性弹性假设分别

描述垫层。上述四种情况下描述垫层采用的力学模型及相关参数见表 5.3。对于方案 C 和方案 D，设定材料应变势能的次数 $N=2$。考虑到垫层材料的永久残余应变 0.3，提高其密度为 340kg/m^3（约为原始密度的 10/7 倍）。

表 5.3 不同计算方案中垫层材料的力学描述

方案	A	B	C	D
力学模型	线弹性	线弹性	非线性弹性	非线性弹性
应力-应变关系	$E_m=2.10$ MPa	$E_m=3.19$ MPa	图 4.16 中加压部分	图 4.16 中加-卸压全过程

5.5 荷载和边界条件

模型底部和围岩右边界（见图 5.3）施加法向约束，混凝土右边界由于机组段之间永久缝的存在而被假定为自由面。

蜗壳设计内水压力为 2.76MPa，考虑一个完整的加-卸压过程，加、卸压过程各被分为 10 个荷载级，级差 0.276MPa。这样共有 21 个荷载步，第 11 步内水压力达到峰值 2.76MPa，结构自重和各种活荷载（见表 5.4）在第 1 步中施加。

表 5.4 各种活荷载大小

荷载施加位置	水轮机层	定子基础	下机架基础
压力值/MPa	0.03	0.098	1.809

5.6 计算结果

5.6.1 垫层压缩应变

垫层的压缩与蜗壳内水压力的外传比例关系密切，考虑到子午断面内垫层的压缩沿钢衬圆周方向的分布除两端之外基本均匀，故选择垫层沿圆周方向的中点作为代表，说明在不同垫层压缩特性的情况下，垫层压缩应变随内水压力的变化，见图5.5。

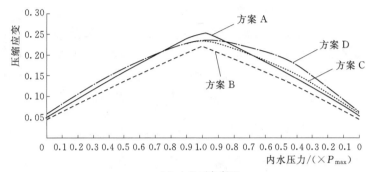

（a）＋X 子午断面

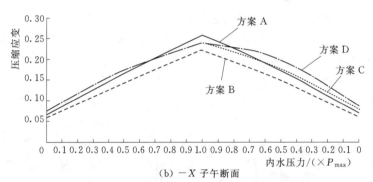

（b）－X 子午断面

图 5.5　不同垫层压缩特性时垫层压缩应变随内水压力的变化

　　＋X 子午断面的蜗壳管径大于－X 子午断面（见图5.3），同时前者的钢衬厚度也大于后者（见表5.2）。从图5.5总体来看，两个子午断面中垫层压缩应变的变化趋势和量值均比较接近，说明两个子午断面的蜗壳内水压力外传比例是相当的。这也表明，按照常规的钢蜗壳设计要求（钢衬厚度基本按照管径大小成正比设计），同一垫层厚度可以保证不同子午断面的蜗壳内水压力外传比例相当，这对于蜗壳整体结构平面上的受力平衡控制是有利的。

方案 C 和方案 D 中，加-卸压作用下垫层的压缩应变没有超过 0.25，即没有超过图 4.17 中的试验数据范围，这说明试验数据对于实际算例中描述垫层压缩特性的支持是充分的。方案 A、方案 B 和方案 C 中垫层在加压和卸压阶段的应变响应曲线关于内水压力峰值基本对称。这种对称关系在方案 D 中没有体现，说明在水电站实际运行过程中，蜗壳内水压力由一个较高值降低一定程度时，垫层材料可能会表现出一定的滞回特性，其压缩应变减小的响应可能滞后，这对蜗壳内水压力外传的比例有一定影响。

方案 A 和方案 B 中垫层材料都被假定为线弹性材料，因此压缩应变响应也基本为线性的。方案 A 中垫层所取的压缩模量较小，因此压缩应变大于方案 B。

方案 C 和方案 D 都考虑了垫层材料的非线性压缩特性，因此压缩应变响应都是非线性的。在加压阶段，方案 C 和方案 D 的垫层压缩应变响应曲线是重合的，但由于方案 D 考虑了垫层材料的"应力-软化"特性，卸压初期材料的软化十分明显（见图 4.16），因此相应地卸压阶段方案 D 的压缩应变降低更为平缓。

方案 B 中的垫层压缩模量 3.19MPa 是根据图 4.16 中 0.8MPa 荷载级对应的应力/应变比值计算得到，与材料在受压过程中表现出的"应变-硬化"过程相比，取最高的 0.8MPa 荷载级计算材料的压缩模量显然高估了材料的受压刚度。因此，在整个加-卸压过程中，方案 B 的垫层压缩应变都小于方案 C 和方案 D。

方案 A 的压缩应变响应曲线在加压的开始阶段低于方案 C 和方案 D，在压缩应变增至 0.2 左右时相交，而后高于方案 C 和方案 D。对比图 4.16 可以看出，加压阶段压缩应变 0.2 对应的压缩应力十分接近 0.4MPa，而方案 A 中的垫层压缩模量 2.10MPa 正是根据图 4.16 中 0.4MPa 荷载级对应的应力/应变比值计算得到，这也就解释了方案 A 的压缩应变响应曲线在压缩应变增至 0.2 左右时与方案 C 和方案 D 相交的原因。

以上分析表明,现行蜗壳结构设计中试图基于线弹性假设、在垫层材料的非线性压缩应力-应变响应曲线上取一组应力/应变数值,得到单一的压缩模量描述垫层材料的压缩特性是与实际情况不符的,不能准确地反映垫层的实际压缩响应过程,从而影响有关蜗壳内水压力外传的计算结果。另外,在计算中如需考虑水电站运行过程中蜗壳内水压力的升降变化,仅采用非线性弹性模型描述垫层材料是不够的,还应考虑垫层材料的滞回特性。

5.6.2 混凝土损伤

蜗壳结构中混凝土的开裂问题是设计的关注重点之一,其中水轮机层的混凝土长期与外界环境接触,表面一旦出现裂缝,材料耐久性问题将影响到整体结构安全,因此水轮机层的混凝土开裂问题尤其受到关注。以往的经验表明,水轮机层与机墩结构交界处的应力集中现象比较明显,应力集中程度与蜗壳内水压力的外传比例关系密切。表 5.5 列出了四种计算方案下 $+X$ 和 $-X$ 两个子午断面中该处混凝土的损伤值 d_t 和钢筋拉应力 σ_t,说明不同的垫层压缩特性对蜗壳内水压力外传的影响。

表 5.5 不同垫层压缩特性时水轮机层与机墩结构交界处的混凝土损伤值和钢筋拉应力

断面	计算结果	方案 A	方案 B	方案 C	方案 D
$+X$ 断面	混凝土的损伤值 d_t	0.20	0.94	0.27	0.27
	钢筋拉应力 σ_t/MPa	7.52	13.38	8.59	8.59
$-X$ 断面	混凝土的损伤值 d_t	0	0	0	0
	钢筋拉应力 σ_t/MPa	3.01	3.94	3.41	3.41

由于 $-X$ 断面中的钢衬管径较小、混凝土较厚,因此四种计算方案下混凝土均未出现损伤情况,相应的钢筋应力数值较

小；而＋X 断面中相应位置的混凝土损伤较为明显。5.6.1 节
已经提到，方案 B 的垫层受压变形相对较小，从而钢蜗壳的膨
胀变形较小，承受内水压力的比例较小，外传至混凝土的比例
较大，因此方案 B 的混凝土损伤程度明显高于其他方案，钢
筋应力较大。对比图 5.5 可以看出，在最大内水压力作用下，
方案 A 的垫层受压变形最大，因此其混凝土损伤程度最低，
钢筋应力最小。方案 C 和方案 D 的混凝土损伤值和钢筋拉应
力相同，这是因为两个方案中垫层材料的加压应力-应变曲线
重合。

　　以上分析结果表明，由于基于线弹性假设采用单一的压缩模
量描述垫层材料的压缩特性与实际情况不符，影响有关蜗壳内水
压力外传的计算结果，因此也会影响到蜗壳结构中有关混凝土损
伤开裂的预测。5.6.1 节的计算结果说明＋X 和－X 两个子午
断面的蜗壳内水压力外传比例是相当的，尽管如此，两个断面混
凝土的损伤情况差异较大，这是由两者混凝土结构厚度的较大差
异（见图 5.3）决定的。由此可见，同一垫层厚度对蜗壳结构不
同子午断面的影响不仅取决于蜗壳内水压力的外传比例，同时也
与子午断面的结构尺寸有关。另外，由于混凝土的损伤是不可逆
的过程，蜗壳内水压力的卸载过程对其没有影响，因此仅从混凝
土结构的配筋角度看，采用非线性弹性模型描述垫层材料的加压
响应特性是必要的，但其滞回特性可以忽略。

5.6.3　机墩结构上抬

　　蜗壳结构设计中，除混凝土的开裂问题外，机墩结构的上抬
问题是另外一个关注重点，它直接影响到水力发电机组的运行安
全。由于蜗壳充水前机组的下机架基础和定子基础已经被调平，
即由于结构自重和各种活荷载（见表 5.4）引起的机墩初始沉降
不会对机组运行产生不利影响，因此在考虑机墩结构不均匀上抬
时应该只计入由内水压力引起的部分。本小节以下将第 1 步计算
得到的机墩位移场作为基准，之后每一步计算得到的位移场与第

1 步之差即为内水压力引起的机墩位移。图 5.6 显示了不同计算方案下 +X 和 -X 子午断面间下机架基础和定子基础的上抬位移差与内水压力变化的关系。

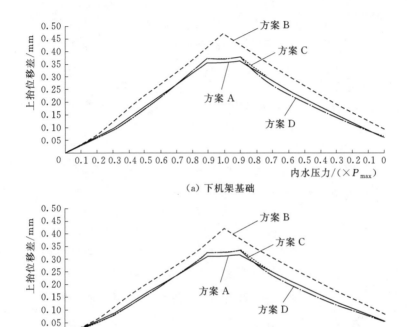

（a）下机架基础

（b）定子基础

图 5.6　机墩结构 +X 和 -X 子午断面间的上抬位移差随内水压力的变化

下机架基础和定子基础的上抬位移差的整体发展趋势是类似的，前者的数值相对较大；考虑到下机架基础的半径较小，其平面的倾斜程度会更大。由于方案 B 中垫层的压缩模量取值较大，导致蜗壳内水压力外传比例较大，因此方案 B 的机墩不均匀上抬位移明显大于其他方案。在方案 A、方案 C 和方案 D 中蜗壳内水压力的加载阶段，机墩不均匀上抬位移的增加接近于线性，

但都终止于 $0.9P_{\max}$ 处；随后，发展曲线进入一个明显的"平台"直到内水压力越过峰值降至 $0.9P_{\max}$，而后近似线性地下降。上述"平台"现象归因于 $-X$ 子午断面中座环下环板附近混凝土在内水压力峰值作用下的局部突然损伤，造成局部混凝土结构刚度退化，使得 $-X$ 子午断面的机墩上抬速率变大而接近于 $+X$ 子午断面，因此两个断面间的上抬位移差不再增加。由于在内水压力峰值作用下方案 A 的垫层压缩程度最大（见图 5.5），因此图 5.6 中方案 A 的"平台"位于方案 C 和方案 D 之下，即方案 A 的机墩不均匀上抬位移最小。从方案 C 和方案 D 的曲线差异看，垫层材料的滞回特性对机墩不均匀上抬位移预测的影响是有限的。对于所有计算方案，当内水压力完全卸去时，机墩的不均匀上抬位移并未归零，这是由混凝土的不可逆损伤引起的塑性变形造成的。

尽管 $+X$ 和 $-X$ 两个子午断面的蜗壳内水压力外传比例相当，但由于 $+X$ 子午断面中混凝土的结构尺寸相对较小，因此结构整体上抬位移大于 $-X$ 子午断面，这即是机墩不均匀上抬位移的产生原因。计算结果同时表明，从预测机墩不均匀上抬位移的角度看，垫层材料的滞回特性可以忽略，只需考虑其加压非线性响应特性。

5.7 本章小结

本章结合拉西瓦水电站垫层蜗壳结构的实例，采用在第 4 章中已得到验证的有限元模拟技术描述垫层材料，研究了其非线性应力-应变关系对蜗壳内水压力外传的影响规律，分析了同一垫层厚度对不同蜗壳子午断面内水压力外传影响的区别。

计算研究表明，由于在常规的钢蜗壳设计中，不同子午断面的钢衬厚度基本与管径大小成正比，因此同一垫层厚度使得不同子午断面的蜗壳内水压力外传比例相当。尽管如此，不同子午断面中混凝土的结构尺寸有所差异，因此在相当的外传水压力作用下，不同子午断面的结构响应是不同的，一般管径较大、混凝土较薄的断面中结构的应力和变形响应更大。从结构设计的角度看，采用非线性弹性模型描述垫层材料的加压响应特性是可以满足要求的，而其滞回特性影响不大。

第6章

基于软接触关系描述蜗壳垫层材料的数值方法

6.1 垫层蜗壳结构的常规有限元数值模拟简介

6.1.1 数值建模过程

在 5.2 节已经提到，蜗壳结构空间体型十分复杂，因此一般的蜗壳结构三维有限元数值模拟过程中，前处理过程（即结构数值建模过程）比较费时。尤其对于垫层蜗壳结构，由于钢蜗壳和混凝土之间部分区域设置了软垫层，常规做法需要在模拟钢蜗壳的壳单元表面增加一层很薄的实体单元以模拟垫层，这会增加蜗壳结构的数值建模难度。同时，在考虑垫层材料的非线性应力-应变关系的前提下，基于实体单元的垫层模拟方法将给垫层厚度的优化分析带来困难。由图 6.1 可以看出，一旦一个整体垫层蜗壳结构三维有限元模型建成之后，垫层实体单元（红色）的厚度就很难改变。

正是因为上述蜗壳结构三维数值建模过程的复杂性，才发展出蜗壳结构的平面轴对称简化分析过程，其优点和示意详见 5.2 节，在此不再赘述。即便如此，在蜗壳结构平面轴对称模型中修改垫层实体单元的厚度依然不易，因此平面轴对称简化并不能很好地解决垫层厚度的参数分析问题。

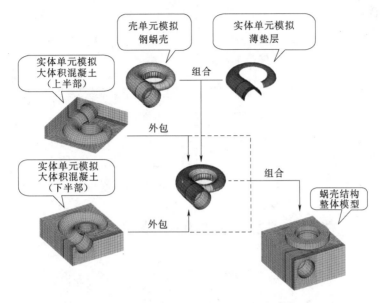

图 6.1　垫层蜗壳结构的三维有限元数值建模过程

在蜗壳内水压力作用下，钢衬和混凝土之间可能存在相对位移，因此在数值模型中一般建立钢衬-混凝土间的接触关系模拟实际情况。需要说明，通常采用的接触关系允许钢衬-混凝土间发生相对切向位移和法向分离，但不允许法向的相互穿透（Penetration），这是符合实际情况的，也是最常用的硬接触关系。

6.1.2　材料力学描述

垫层蜗壳结构的有限元数值模拟中，涉及混凝土、钢材和垫层共三种材料的力学描述问题。其中对于混凝土一般采用损伤塑性模型描述；由于钢材一般在弹性范围内工作，通常采用线弹性模型描述，即使考虑结构的超载，采用理想弹塑性模型描述也是合适的；有关垫层材料的描述往往简化处理，亦采用线弹性模型描述。

第 4 章和第 5 章已经说明，简单采用线弹性模型描述垫层材料的力学特性与实际情况不符，对预测蜗壳结构的内水压力外传比例有一定影响；并提出了一种能够考虑垫层材料受压非线性应力-应变关系的模拟技术，其可靠性和实用性均得到了验证。

从力学模型上看，上述模拟技术依然是基于材料的弹性假定，因此无法描述材料的残余变形；从模拟思路上看，上述模拟技术并未摆脱常规的"实体单元＋力学本构模型"之框架，因此不能简化垫层厚度的参数分析问题。由此可见，发展一种能够同时描述垫层材料非线性应力-应变关系和残余变形、且便于垫层厚度参数分析的新方法，对于推进有关垫层蜗壳结构的有限元数值模拟技术是有意义的，这即是本章的研究目的。

6.2　垫层材料数值模拟的新技术

6.2.1　硬接触与软接触

在数值模拟中，描述两者之间接触关系的核心是建立其间压力和距离的函数变化关系，图 6.2 分别给出了硬接触和软接触中压力-距离的一般关系。

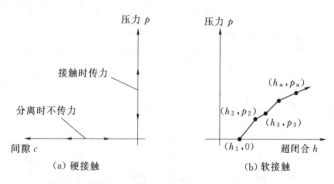

图 6.2　硬接触和软接触中压力-距离的一般关系

从图 6.2 中可以看出，对于硬接触关系，当两者相互接触时（即两者间距离为 0），两者间可以传递任意大小的压力，但不能相互穿透，即两者间距离不能向超闭合（Overclosure）方向发展；一旦两者分离，两者间压力降为 0，距离可以向间隙（Clearance）方向任意发展。硬接触关系能够描述真实世界中物体间的物理接触现象，因此被广泛应用于各类结构的接触非线性有限元数值模拟中。

与硬接触关系不同，软接触关系允许两者间相互穿透，即存在超闭合现象。在软接触关系的定义中，需要指定超闭合临界值 h_1，两者间穿透距离小于 h_1 时，无压力传递；两者间穿透距离超过 h_1 时，压力开始传递，并且压力和穿透距离的关系可以通过一组（h_i，p_i）数组定义为分段线性函数。

6.2.2　模拟思路

垫层在蜗壳结构中所起的核心作用是传力，其自身并无承载任务，不是结构设计的重点。采用薄层实体单元描述垫层给蜗壳结构的数值模拟带来的困难主要体现为两方面：①在几何方面，垫层与钢蜗壳及混凝土结构的尺寸差距明显，并且夹于两者之间，空间建模困难，不易修改；②在力学方面，垫层材料的受压特性十分复杂，既包括非线性也包括非弹性，因此力学描述困难。基于以上考虑，以模拟垫层的传力作用为目标，忽略其厚度和质量，采用软接触关系代替垫层实体单元，实现垫层传力的模拟，详述如下。

取消垫层实体单元后，钢蜗壳和混凝土两组单元将直接接触，而接触面可以分为两部分。一部分为垫层原本铺设的范围，另一部分为余下范围。垫层夹于钢蜗壳和混凝土之间，当钢蜗壳在内水压力的作用下膨胀变形时，垫层对其的反力约束作用相对较小。因此可以说，垫层的结构实质是通过自身的较大压缩给钢蜗壳和混凝土提供不协调变形的空间，在子午断面内体现为钢蜗壳的径向位移大于混凝土。基于此认识，只需在钢蜗壳-混凝土接触面上垫层原本铺设的范围内定义软接触关系，允许钢蜗壳穿透侵入混凝土，以此模拟两者之间的不协调变形；与此同时，合理给定压力和穿透距离的函数关系。可以看出，钢蜗壳穿透侵入混凝土的距离即等于垫层的受压变形大小，因此上述简化模拟过程的关键在于根据垫层材料的受压应力-应变关系及厚度合理折算压力和穿透距离的函数关系。基于"实体单元＋力学本构模型"的常规垫层模拟过程与上述基于"软接触关系"的简化模拟过程之联系和区别如图 6.3 所示。对于钢蜗壳-混凝土接触面上垫层原本未铺设的范围，依旧采用硬接触关系描述，保证两者协调膨胀。

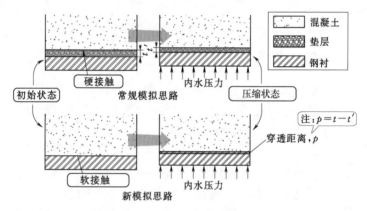

图 6.3 两种垫层模拟思路的联系和区别

6.2.3 新技术的优点

在几何建模方面，由于上述新技术不依赖于垫层实体单元，因此极大简化了垫层蜗壳结构有限元分析中的前处理过程；同时使得在不修改数值模型的前提下进行垫层厚度的参数分析成为可能，这对于垫层蜗壳结构设计是有实用价值的。

在力学描述方面，上述新技术并不依赖于相关材料本构模型，仅需根据垫层材料的受压应力-应变关系及厚度，直观地定义钢蜗壳和混凝土之间的压力-穿透距离函数关系，以此模拟垫层的压缩传力作用。通过设定一个非零超闭合临界值，可以使得钢蜗壳在穿透侵入混凝土的开始一个阶段不受反力作用，直至穿透距离达到临界值，这可以模拟由于垫层残余变形引起的初始间隙的闭合过程。如将超闭合临界值设为 0，则可以模拟垫层没有出现残余变形的理想情况。从力学描述的角度可以看出，新技术对于模拟垫层材料的非线性和非弹性压缩特性具有很强的适应性和针对性。

6.3 新技术的验证

如图 6.4 所示，本节结合已有的试验数据，设计了一个垫层材料的压缩试验，并通过一组数值模拟，对比模拟结果与试验数据，验证新技术的可靠性。

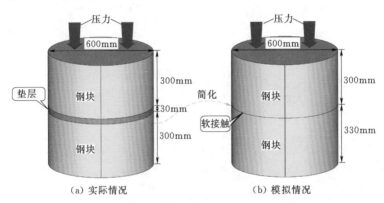

（a）实际情况　　　　　　　　　（b）模拟情况

图 6.4　设计压缩试验的实际情况和数值模拟简化

试验中一个圆盘状垫层试样（蓝色）夹于上下两个圆柱形钢块（黄色）之间，直径均为 600mm，垫层试样厚 30mm，单个钢块高 300mm。压力加于上部钢块的上表面，垫层处于有侧限受压状态。从试验条件可以看出，在竖向压力作用下，垫层的压缩变形将远大于两个钢块。

根据新技术的模拟思路，将垫层试样与下部钢块合并〔见图 6.4（b）〕，此时下部钢块的高度由 300mm 增至 330mm，并与上部钢块直接接触。在此条件下，保持下部钢块的材料参数不变，在两个钢块的接触面上建立软接触关系，即允许上部钢块穿透侵入下部钢块，以此间接模拟垫层的压缩过程。

考虑到圆柱形钢块的轴对称性，如图 6.5 建立两个钢块的平面轴对称有限元模型，钢块采用四节点双线性轴对称实体单元模拟。模型左右两侧均施加水平约束，分别模拟对称轴和压缩侧限边界；底部施加竖向约束；顶部施加均布压力。

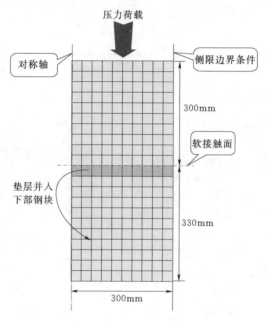

图 6.5 设计压缩试验的平面轴对称有限元模型

本章依然以文献［40］提供的垫层压缩试验数据作为数值模拟基础，选取 5 个循环中的加压-应变响应关系作为依据分别定义软接触关系，见表 6.1。将表中的压缩应变值分别乘以垫层厚度 30mm，即可得到软接触关系定义中需要用到的穿透距离值，进而可以得到每个循环对应的压力-穿透距离关系。

模型中钢材被假定为线弹性材料，弹性模量 206000MPa，泊松比 0.3。每个循环中分别定义 8 个荷载步，每步压力增量

表 6.1　　　　5 个循环中垫层材料的加压-应变响应关系[40]

循环	压 缩 应 变				
	$P = 0$ MPa	$P = 0.2$ MPa	$P = 0.4$ MPa	$P = 0.6$ MPa	$P = 0.8$ MPa
1	0.000	0.075	0.214	0.344	0.428
5	0.238	0.336	0.398	0.433	0.459
10	0.270	0.367	0.420	0.449	0.469
15	0.292	0.382	0.430	0.456	0.474
20	0.302	0.389	0.435	0.460	0.477

0.1MPa，最大值 0.8MPa。图 6.6 显示了 5 个循环中压力与上部钢块向下位移的关系。在忽略钢块自身微小压缩变形的前提下，上部钢块的向下位移即等于被模拟垫层的压缩变形。

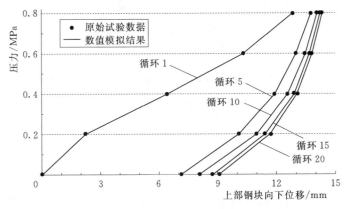

图 6.6　5 个循环中压力与上部钢块向下位移的关系

　　图 6.6 显示的结果表明，有限元数值模拟得到的上部钢块向下位移的分段线性结果与根据原始试验数据（见表 6.1）计算得到的理论值非常吻合；同时，数值模拟允许上部钢块在每个循环中的开始某个阶段自由向下穿透侵入下部钢块中一段距离，以此描述垫层的残余变形是成功的。

　　上述对比结果验证了基于软接触关系的垫层模拟新技术对于描述材料的非线性和非弹性压缩特性的可行性，尤其显示了新技术在模拟垫层材料的残余变形方面的优势。

6.4　新技术的应用

6.4.1　有限元模型

　　为便于对比，本节选用拉西瓦水电站垫层蜗壳结构的 $+X$ 子午断面（见图 5.1）建立两个平面轴对称有限元模型，两者分别采用实体单元和软接触关系描述垫层，见图 6.7。两个模型的网格划分基本一致，差别在于紧贴蜗壳钢衬壳单元的一圈实体单元。传统模型中紧贴钢衬外表面的是一圈 20mm 厚的薄层实体

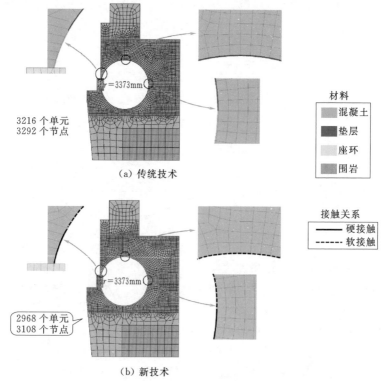

图 6.7　基于传统和新技术描述垫层的蜗壳结构平面轴对称有限元模型

单元（红色单元）；而新模型中则无此层单元，取而代之在垫层铺设范围内建立了钢衬和混凝土之间的软接触关系（黑色虚线）。

除上述关于垫层数值描述的区别外，其余有关的有限元建模细节与 5.3 节所述相同。

6.4.2 计算参数

计算参数参见 5.4 节（垫层有关除外）。

6.4.3 荷载和边界条件

边界条件与 5.5 节所述相同，荷载也基本相同，本节不考虑蜗壳内水压力的卸荷过程，共分 11 个荷载步，级差 0.276MPa，第 11 步内水压力达到峰值 2.76MPa，结构自重和各种活荷载（见表 5.4）在第 1 步中施加。

6.4.4 考虑垫层材料非线性压缩特性的结果对比

6.3 节已经验证了新技术对于描述垫层材料非线性压缩特性的可行性，本节的目的在于通过新技术的应用检验其实用性。与此同时，本节还根据拉西瓦水电站的原始设计资料，假定垫层为线弹性材料，压缩模量取值 3MPa，以此作为进一步的对比。

垫层材料的非线性压缩特性见图 4.16，加压部分的应力-应变响应关系与线弹性响应关系（压缩模量 $E_m = 3\text{MPa}$）的对比见图 6.8。传统模型中垫层单元的受压应力-应变响应采用 HYPERFOAM 模型描述；新模型中需要定义软接触关系中的压力-穿透距离关系，其中穿透距离可以通过将图 6.8 中的应变与垫层厚度 20mm 相乘得到，见表 6.2。这样，根据不同的垫层数值描述，总共有 3 个计算方案，见表 6.3。

表 6.2　　　软接触关系中的压力-穿透距离关系

压力/MPa	0	0.2	0.4	0.6	0.8
穿透距离/mm	0	2.49	3.81	4.53	5.01

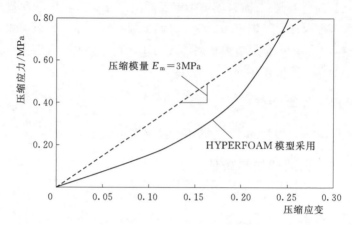

图 6.8　对比计算中用到的垫层材料的受压应力-应变响应关系

表 6.3　　　　根据不同垫层数值描述的 3 个计算方案

计算考虑	方案 A	方案 B	方案 C
模拟方式	基于实体单元	基于实体单元	基于软基础关系
应力-应变关系	线弹性	非线性	非线性
力学描述	$E_m = 3$ MPa	图 6.8 中应力-应变曲线	表 6.2 中压力-穿透距离关系

在垫层蜗壳结构的子午断面中，钢衬会通过自身的径向膨胀承受大部分内水压力，控制内水压力的外传；同时钢衬自身的径向膨胀会引起其环向拉伸（Ring Tension），从而产生较大的环向应力，因此钢衬的环向应力常被视为衡量蜗壳内水压力外传比例的重要指标。图 6.9 显示了 3 个计算方案中最大内水压力作用下蜗壳钢衬的环向应力分布。从环向应力分布规律上看，3 个方案的计算结果是相似的，但方案 A 的整体应力水平相对较低，说明了方案 A 中钢衬较小的内水压力承载比，这归因于方案 A 中垫层材料压缩模量的偏大取值（见图 6.8）。比较方案 B 和方案 C 可以看出，两者间不仅环向应力分布规律相似，应力的数值大小也十分接近。

以钢衬顶部为例，图 6.10 给出了 3 个计算方案中钢衬环向

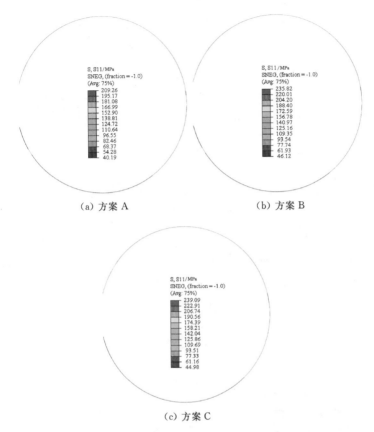

（a）方案 A　　　　　　　　（b）方案 B

（c）方案 C

图 6.9　最大内水压力作用下蜗壳钢衬的环向应力分布

应力随内水压力的变化规律。可以看到，方案 B 和方案 C 的变化曲线十分吻合，因此从工程应用的角度看，采用基于软接触关系的新技术描述垫层材料的非线性应力-应变响应是可行的，其脱离实体单元的模拟思路给数值建模过程带来了很大方便，技术优势明显。

图 6.11 和图 6.12 进一步验证了新技术的应用可行性。图 6.11 显示的是水轮机层与机墩结构交界处钢筋拉应力的变化，其与该处的混凝土裂缝宽度密切相关。图 6.12 显示的是下机架

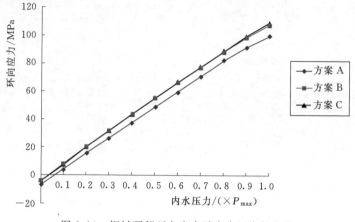

图 6.10　钢衬顶部环向应力随内水压力的变化

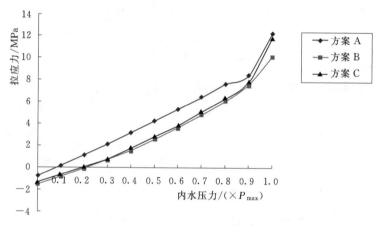

图 6.11　水轮机层与机墩结构交界处钢筋拉应力随内水压力的变化

基础上抬位移的变化，其与水力发电机组的稳定运行关系密切。总体来看，图 6.11 和图 6.12 中方案 B 和 C 的变化曲线十分接近，唯一例外出现在图 6.11 中变化曲线的尾部。此阶段两条曲线的分离应该归因于方案 C 中在最大内水压力作用下水轮机层与机墩交界处混凝土结构的局部损伤，这引起了由混凝土向钢筋的荷载转移。

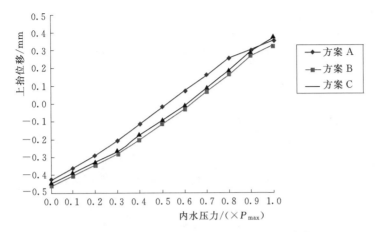

图 6.12 下机架基础上抬位移随内水压力的变化

由图 6.8 可以看出，方案 B 中用到的垫层材料非线性应力-应变曲线是一个凸函数曲线，因此，方案 C 中基于表 6.2 给出的 5 个数据点近似得到的分段线性函数曲线在大部分阶段都应该位于方案 B 的平滑凸函数曲线之上（在两条曲线的 5 个交点处除外）。这样，方案 C 中模拟的垫层材料的等效刚度在受压的整个阶段都应该大于或等于方案 B，从而使得方案 C 中混凝土结构的内水压力承载比较大。因此，图 6.11 和图 6.12 中方案 C 的曲线略微高于方案 B；同时，前述方案 C 中混凝土结构的较早局部损伤引起的钢筋拉应力突变（见图 6.11）也应归因于此。

上述不同计算方案的结果对比表明，基于软接触关系的新技术对于描述垫层材料的非线性压缩特性是有效的；另外可以预见，在软接触关系的定义中如果采用更多压力-穿透距离关系的插值点，理应可以提高垫层材料非线性压缩特性的模拟精度。

6.4.5 垫层材料残余变形的数值模拟试验

本小节在 6.3 节验证了新技术对于描述垫层材料残余变形的可行性的基础上，通过一对数值模拟试验进一步检验其应用表现，同时探讨垫层材料出现残余变形后蜗壳内水压力外传模式的变化。

此处根据表 6.1 中垫层材料在第 1 次和第 20 次循环中的加压-应变响应关系分别定义压力-穿透距离关系,其中在第 1 次循环中垫层材料无初始应变,即不模拟残余变形;在第 20 次循环中垫层材料的初始应变为 0.302,模拟的残余变形为 6.04mm,即钢衬和混凝土之间的初始间隙为 6.04mm。

图 6.13 比较了两种计算条件下钢衬顶部穿透侵入混凝土的距离随内水压力的变化情况。在未考虑垫层材料残余变形的情况下,不存在钢衬自由穿透侵入混凝土的阶段,即钢衬与混凝土自始至终都处于联合承载状态,因此钢衬的穿透距离较小。在考虑了垫层材料残余变形的情况下,钢衬的穿透距离明显较大,且在达到初始间隙距离之前发展较快,这是由于此阶段钢衬的膨胀变形没有外界的约束反力作用。直至初始间隙闭合,穿透距离的发展梯度下降(见图 6.13 中虚线以上阶段),这也是钢衬和混凝土开始联合承载的标志。

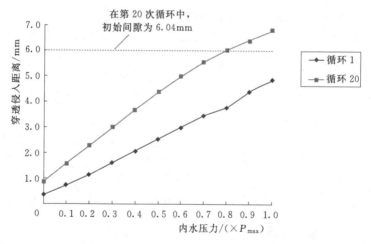

图 6.13 两种计算条件下钢衬顶部穿透侵入混凝土的距离随内水压力的变化

图 6.14 进一步给出了两种计算条件下钢衬顶部环向应力随内水压力的变化情况。考虑了垫层材料残余变形情况下的钢衬环

向应力水平明显较高，说明垫层材料的残余变形使得钢衬承受更大比例的内水压力，降低内水压力外传至混凝土的比例。图6.14 的结果也给垫层材料残余变形的成功模拟提供了进一步佐证。

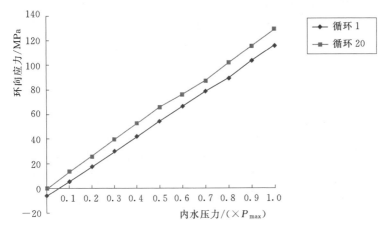

图 6.14　两种计算条件下钢衬顶部环向应力随内水压力的变化

图 6.13 和图 6.14 显示的数值模拟对比试验结果表明，新技术描述垫层材料残余变形的能力在实际应用中的表现是令人满意的。结果同时表明，垫层的残余变形将蜗壳内水压力的外传过程分为了两个阶段：①钢衬单独承载阶段；②钢衬-混凝土联合承载阶段。由于钢衬和混凝土的联合承载被两者间的初始间隙推后，因此钢衬会承受更大的内水压力比例，而混凝土承受的部分则相应变小，这即是垫层材料出现残余变形后蜗壳内水压力外传模式的变化。

6.5　本章小结

本章发展了一种基于软接触关系的垫层模拟新技术。该技术聚焦于垫层传力作用的描述，以模拟由垫层压缩变形引起的钢衬-混凝土间的非协调变形为目标，通过钢衬-混凝土间软接触关系的定义控制前者穿透侵入后者的虚拟过程，最终实现垫层压缩力学行为的间接模拟。新技术可以从几何建模和力学描述两方面简化蜗壳结构中垫层的模拟过程，针对垫层厚度的参数分析以及材料非弹性压缩特性的数值描述有明显优势。基于新技术的数值模拟对比试验结果表明，垫层材料出现残余变形后钢衬会承受更大的内水压力比例，而混凝土承受的部分则相应变小。

第7章

垫层蜗壳结构中钢衬-混凝土间的接触传力

7.1 钢衬-混凝土间的接触/脱空问题

7.1.1 已有的认识

早在20世纪80年代,有关蜗壳结构物理模型试验工作就已经提及了荷载变化时钢衬-混凝土之间的间隙张开/弥合问题[82-83]。由于当时我国所建水电站的单机容量普遍不大,机组运行安全问题不甚突出,因此钢衬-混凝土间的接触问题并未引起过多关注。

近年来随着有限元接触非线性模拟技术的发展,垫层蜗壳结构中钢衬-混凝土间的接触问题进入了学术界的视野,研究更多关注的是钢衬-混凝土间的接触滑移和摩擦作用对组合结构联合承载特性的影响,得到的基本结论为:混凝土整体应力水平随摩擦系数的增大而提高,承担的内水压力比例相应变大。引起混凝土承载比例变大的原因在于:摩擦力通过抑制钢衬相对于混凝土的切向滑移(位移)行为,从而在一定程度上限制了钢衬的膨胀变形,降低了钢衬承担内水压力的比例;此种摩擦作用实质上是混凝土对钢衬嵌固作用的表现形式之一。上述研究对厂房结构设计方有较强的参考价值,但并未涉及机电设计方的关注核心,即钢衬-混凝土间的接触/脱空问题。

7.1.2　钢衬的两种潜在运动形式

如 1.4.3 节所述，垫层在钢衬上半部外表面的局部空间介入造成了钢衬外界结构刚度的上下明显差异，这会导致其下半部有向外界约束作用较小的上半部运动的趋势。从结构定性分析的角度可以初步判断，钢衬向上的运动存在两种可能的形式：①下半部钢衬紧贴混凝土内表面沿其切向向上滑移，文献［22］对此有所提及；②钢衬整体向上类似一种"刚体"上抬位移。

对于运动形式①，垫层铺设末端附近一定范围内可能出现局部脱空区，文献［41］对此有较详细的描述和解释，在此不再赘述。此时钢衬下半部只有部分范围与混凝土之间处于接触可传力状态，混凝土对钢衬的嵌固作用受到一定程度的削弱。

对于运动形式②，钢衬下半部较大范围可能与混凝土分离，出现较大范围的脱空区，此时钢衬下半部形成两端"支撑"状态，一端的"支点"为座环下环板，另一端则为腰部垫层铺设末端的混凝土结构；在此种受力条件下，钢衬的振动能量无法均匀地向下传递，而是集中通过两个"支点"分别传向座环和腰部混凝土，传向前者不利于机组稳定运行，传向后者则加剧了腰部混凝土的应力集中现象[41]，同时钢衬在脱空状态下的振动不利于钢结构的耐久性，带来钢材疲劳破坏之风险。

7.1.3　钢衬下半部的半圆筒简化受力分析模型

基于上述运动形式②，考虑下半部的脱空状态，忽略座环固定导叶的高度，将蜗壳子午断面下半部钢衬简化为单位长度的半圆形钢壳结构，见图 7.1。钢衬一端简化为固定端（A 点），描述座环对其的约束作用（水平反力 R_{sh}、竖直反力 R_{sv}、顺时针方向反力矩 M_s）；另一端简化为活动铰支座（B 点），描述腰部垫层铺设末端混凝土对其的径向支撑作用 N_c。由于下半部钢衬处于脱空状态，故外表面无力的作用；内表面受均匀的径向水压

力 P，合力 $F_p = P \cdot 2r$，方向竖直向下。由于上半部钢衬较大的膨胀变形，在 B 点处对下半部钢衬有向上的拉力作用 T_u、向外（右）的剪力作用 S_u 和顺时针方向的弯矩作用 M_u。B 点处钢衬相对于混凝土有向上位移的趋势，因此此处钢衬受向下的摩擦力作用 f_c，其中 $f_c = \mu N_c$，μ 表示钢衬-混凝土间的摩擦系数。

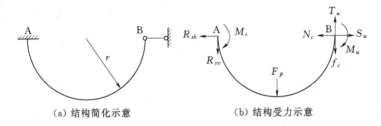

（a）结构简化示意　　　　　（b）结构受力示意

图 7.1　下半部钢衬脱空状态下的结构简化和受力情况

F_p—内水压力合力；R_{sh}—座环水平方向反力；R_{sv}—座环竖直方向反力；M_s—座环反力矩；T_u—上半部钢衬拉力作用；S_u—上半部钢衬剪力作用；M_u—上半部钢衬弯矩作用；N_c—混凝土径向支撑力；f_c—混凝土切向摩擦力

根据钢衬的受力情况，相对于 A 点结构应该满足力矩平衡方程，如

$$(T_u - f_c)2r = F_p r + M_s + M_u \qquad (7.1)$$

式（7.1）左右分别表示作用于钢衬上绕 A 点逆时针和顺时针方向的力矩，前者即是引起钢衬-混凝土间出现脱空状态的力学原因。当 T_u 增大或 f_c 减小时，钢衬会绕 A 点逆时针方向转动，随之 A 点处座环对钢衬的反力矩 M_s 同时增大，钢衬整体向上位移一微小距离后，重新达到平衡状态，钢衬-混凝土间的间隙变大；反之，当 T_u 减小或 f_c 增大时，钢衬-混凝土间的间隙减小。当 T_u 减小或 f_c 增大至一定程度时，在 F_p 的作用下钢衬-混凝土间的间隙将完全弥合，两者相互接触传力，此时图 7.1 中脱空状态下结构的简化受力分析不再适用。

7.1.4　两个关键影响因素

根据上述分析可以判断，决定钢衬-混凝土间接触/脱空状态的关键因素为 T_u 和 f_c。T_u 由上半部钢衬向上挤压垫层后的较大膨胀变形引起，垫层自身的刚度越小、铺设范围越大，则上半部钢衬的膨胀变形越大，其带动下半部上抬的作用 T_u 越强，钢衬-混凝土间往脱空（间隙张开）的趋势方向发展。工程实践中，一般将垫层视为理想线弹性材料，以其弹性模量和厚度比（E/d）作为参数指标衡量垫层刚度的大小[26]。现行的《水电站厂房设计规范》（SL 266—2014）对垫层的 E 和 d 的取值没有具体要求[84-85]，在实际的蜗壳结构设计工作中，各单位一般都是从控制垫层外传蜗壳内水压力比例的角度出发，依据各自的设计经验和习惯对垫层的 E 和 d 取值，例如龙滩（中国电建集团中南勘测设计研究院有限公司设计）的取值是 1.5MPa/30mm，三峡（长江勘测设计研究院设计）的取值是 2.5MPa/30mm，李家峡（中国电建集团西北勘测设计研究院有限公司设计）的取值是 3.6MPa/20mm，拉西瓦（中国电建集团西北勘测设计研究院有限公司设计）大部分机组的取值是（2～3MPa）/20mm，另外在一台机组上采用了厚度 d 为几毫米的超薄垫层。

f_c 与 T_u 的作用相反，混凝土对钢衬的摩擦作用抑制了后者的上抬趋势，随着摩擦系数 μ 的增大，钢衬-混凝土间往接触（间隙弥合）的趋势方向发展。2005 年在瑞士洛桑联邦理工学院（EPFL）进行的系列钢板-混凝土拉拔试验（Pull - out test）研究成果表明，两者之间的摩擦系数与钢板表面处理条件（Steel surface finishing）高度相关[86]。然而在我国的水电站建设工程实践中，钢蜗壳在埋入混凝土之前的外表面处理条件并未引起工程界的关注，各工程的具体处理方法尚无统一标准。例如三峡水电站右岸地面厂房某机组钢蜗壳的外表面未经过特殊处理；向家坝水电站地下厂房某机组钢蜗壳的外表面则经过油漆处理；而拉西瓦水电站地下厂房钢蜗壳腰线以下一定范围外表面涂抹了特殊的润滑剂，作为减小摩擦力的措施[44]。

如 1.3.2 节所述，近年来考虑钢衬-混凝土间的接触滑移和摩擦作用已经成为了有关垫层蜗壳结构有限元数值模拟的基本前提。通常的数值描述方法是建立钢衬-混凝土间的接触关系，在径向允许两者分离，但不允许相互穿透，两者一旦接触，其间界面可以传递任意大小的径向压力，这与实际情况是相符的；界面切向一般是基于经典 Coulomb 摩擦传力模型，指定摩擦力 $f = \mu N$（N 为法向压力），目前国内工程设计中采用较多的摩擦系数 μ 的经验值是 0.25[87-88]。然而，我国《水电站压力钢管设计规范》（SL 281—2003）推荐的钢与干混凝土之间的摩擦系数取值范围是 $0.42 \sim 0.59$[89]；美国工程师 Rabbat 等 1985 年的经典论文则推荐法向压力在 $0.14 \sim 0.69$MPa 范围内时两者间的干摩擦系数取 0.57[90]；随后 Baltay 等的进一步试验工作证实在更大的法向压力范围内钢与混凝土之间的干摩擦系数离散程度较大，数值在 $0.2 \sim 0.6$ 之间变化[91]。可以看出，近年国内关于垫层蜗壳结构的非线性有限元数值模拟中钢衬-混凝土间的摩擦系数经验取值 0.25 有偏小之嫌，尤其对于实际工程中钢蜗壳外表面未经油漆或润滑等特殊处理的情况，该取值可能低估了钢衬-混凝土间的切向传力大小，从而影响计算得到的钢衬-混凝土间的接触状态。

7.2 非线性有限元程序的验证

7.2.1 材料非线性

垫层蜗壳结构中的材料非线性问题主要体现为两种：①混凝土的损伤开裂；②垫层材料的非线性压缩-回弹响应过程。文献［92］和文献［93］均采用有限元计算程序 ABAQUS 建立数值模型，其中对于混凝土采用了损伤塑性模型描述，分别模拟了三峡和瀑布沟水电站蜗壳结构的物理模型试验过程，得到有关混凝土损伤开裂的数值预测结果与试验结果较为一致，验证了损伤塑性模型用于蜗壳结构分析中描述混凝土材料非线性的适用性。另外，本书第 4 章和第 5 章已发展了一种在 ABAQUS 平台上基于 HYPERFOAM 模型的垫层材料模拟技术，该技术能够考虑垫层材料的受压非线性应力-应变关系，其可靠性和实用性均得到了验证，在此不再赘述。

7.2.2　接触非线性

采用法向"硬"接触关系（Hard contact）和切向经典 Coulomb 摩擦传力模型描述蜗壳结构中钢衬-混凝土间的接触传力行为已被广泛应用。为了验证此种模拟技术的可靠性，本小节参考文献［90］中关于钢-混凝土材料间摩擦系数测定的经典推出试验（Push-off test），基于 ABAQUS 对试验中三个竖向（法向）压力级别（0.14MPa、0.41MPa 和 0.69MPa）的混凝土块推出过程进行了有限元数值模拟，按照试验结果的推荐，计算中钢-混凝土间的摩擦系数取为 0.57。计算结果表明，在三个压力级别的分别作用下混凝土块穿透钢板的位移量级很小，混凝土块开始被推动所对应的水平向（切向）推力预测值均与相应的理论值吻合良好（见图 7.2）。上述成果表明，数值模拟中采用法向"硬"接触关系和切向经典 Coulomb 摩擦传力模型描述钢衬（钢蜗壳）-混凝土间的接触传力行为是可靠的。有关本小节接触非线性有限元模拟的详细验证过程及成果可参见文献［94］。

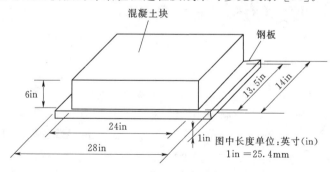

（a）文献［90］推出试验中的钢-混凝土样品尺寸

图 7.2（一）　文献［90］推出试验的数值模拟验证

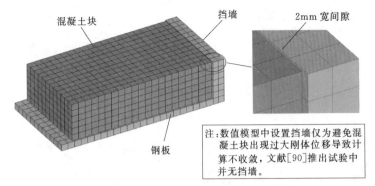

注:数值模型中设置挡墙仅为避免混凝土块出现过大刚体位移导致计算不收敛,文献[90]推出试验中并无挡墙。

(b) 模拟文献[90]推出试验的有限元数值模型

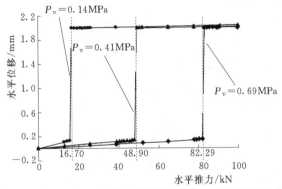

(c) 启动推力预测结果(实线)与理论值(虚线)的对比

图 7.2(二) 文献 [90] 推出试验的数值模拟验证

7.3 接触状态的有限元预测

7.3.1 计算条件

本节选取图 5.1 中的 +X 子午断面,建立平面轴对称有限元模型,有关模型信息、计算参数、荷载和边界条件等详见5.3~5.5 节的描述。

7.3.2 摩擦系数的影响

通常钢与混凝土之间的干摩擦系数在 $0.2\sim0.6$ 范围内[91]，因此选定摩擦系数 μ 为 0.2、0.4 和 0.6 三种情况进行参数分析，计算得到钢衬-混凝土间的接触状态见图 7.3。

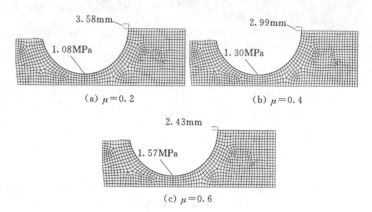

图中长度表示腰部钢衬-混凝土间滑移量，压力表示底部钢衬-混凝土间接触压力。

图 7.3 不同摩擦系数 μ 时钢衬-混凝土间的接触状态（变形放大 100 倍）

三种情况下，钢衬-混凝土间均未出现脱空状态，钢衬紧贴混凝土内表面沿其切向向上滑移，随 μ 的增大，滑移趋势减弱，同时两者间的接触压力变大，混凝土对钢衬的嵌固作用增强。在腰部，钢衬相对于混凝土向上的位移表现为钢衬自身沿环向的拉伸，并未出现整体上抬情况。以底部为例，即使在 μ 取较小值 0.2 时，钢衬-混凝土间接触压力依然接近蜗壳内水压力的 40%（1.08/2.76）。由此可见，正常范围内的摩擦系数并不会对钢衬-混凝土间的接触状态产生根本性影响，实际垫层蜗壳结构设计中，不必过于担心由于钢蜗壳外表面喷涂油漆或涂抹润滑剂等工程措施造成混凝土嵌固作用的大幅减弱，还应以控制适当的蜗壳内水压力外传至混凝土的比例作为确定摩擦系数参数的主要考虑因素。

7.3.3 垫层铺设包角的影响

在以往的工程实践中，厂房结构设计方为了尽量避免蜗壳腰部混凝土尺寸最薄处出现贯穿性裂缝，有时尝试将子午断面内垫层下端铺设至蜗壳腰部以下 15°～30°包角处，而垫层包角的延伸是否会对钢衬-混凝土间的接触状态产生质的影响则是机电设计方最为关注的问题。在 μ 取较小值 0.2 的情况下，垫层包角分别向下延伸 15°和 30°时钢衬-混凝土间的接触状态见图 7.4。

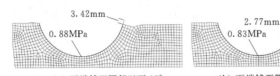

(a) 下端铺至腰部以下 15°　　　　(b) 下端铺至腰部以下 30°

图中长度表示垫层铺设下端钢衬-混凝土间滑移量，压力表示底部钢衬-混凝土间接触压力。

图 7.4　不同垫层铺设包角时钢衬-混凝土间的接触状态（变形放大 100 倍）

可以看出，垫层包角的延伸未对钢衬-混凝土间的接触状态产生质的影响，即使在摩擦系数较小的情况下，两者接触依然紧密。虽然垫层包角的延伸在一定程度上削弱了混凝土对钢衬的嵌固作用，但依然以底部为例，当垫层包角向下延伸 30°时，钢衬-混凝土间的接触压力还是达到了蜗壳内水压力的 30%（0.83/2.76）。考虑到摩擦系数偏小的取值，可以判断垫层包角向下延伸 30°范围内不会造成钢衬-混凝土间的脱空状态。工程实践中，如若机电设计方对此依然心存顾虑，垫层包角向下延伸的同时，结构设计方可以考虑要求钢蜗壳埋入混凝土之前外表面不作特殊处理，保持钢板原始状态以增大钢衬-混凝土间的摩擦系数，从另一方面增强混凝土对钢衬的嵌固作用。

7.3.4 垫层压缩特性的影响

由于水电站的运行年限多在几十年以上，期间钢蜗壳会经历内水压力成百上千次的加-卸压作用。在如此长的时间尺度下，垫层材

料潜在的流变性能一直是设计者担心的重要技术问题。垫层材料的
蠕变或应力松弛现象会降低其压缩刚度，从而弱化混凝土的包裹作
用，这也是机电设计方不太接受垫层蜗壳埋设技术的一个主要原因。
当前有关垫层材料流变性能的理论研究尚不充分，以下分别将垫层
压缩刚度折减 50%、90% 和 99.9%（$\mu=0.2$），以此作为假设前提，
分析三种情况下钢衬-混凝土间的接触状态，见图 7.5。

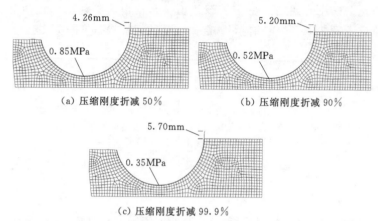

（a）压缩刚度折减 50%　　　　（b）压缩刚度折减 90%

（c）压缩刚度折减 99.9%

图中长度表示腰部钢衬-混凝土间滑移量，压力表示底部钢衬-混凝土间接触压力。

图 7.5　不同垫层压缩刚度时钢衬-混凝土间的接触状态（变形放大 100 倍）

　　图 7.5 显示的结果表明，尽管钢衬-混凝土间未出现脱空状
态，但垫层压缩刚度的降低对两者间接触状态的影响是比较显著
的。垫层压缩刚度折减 50%、90% 和 99.9% 时，腰部钢衬相对
于混凝土向上的滑移量分别增加 19.0%、45.3% 和 59.2%，而
底部钢衬-混凝土间的接触压力分别减小 21.3%、51.9% 和
67.6%。需要特别指出，垫层压缩刚度折减 99.9% 相当于其流
变引起的残余变形过大，无法起到径向传力作用，导致上半部钢
衬单独承担全部内水压力，此时底部钢衬-混凝土间的接触压力
仅为蜗壳内水压力的 13%（0.35/2.76），表明下半部钢衬受混
凝土的嵌固作用较弱。

　　为了进一步说明此问题，图 7.6 给出了垫层压缩刚度折减

99.9％时（垫层失效）腰线以下钢衬-混凝土间的接触压力分布。可以看出，接触压力在靠近座环下环板（－165°）和腰部（0°）附近两处的数值较大，分别达到 0.82MPa 和 1.37MPa；0°～－7°位置接触压力突降为 0，说明腰部以下附近区域有出现局部脱空的趋势，这与文献［41］关于圆形断面垫层管的计算分析结果类似。接触压力从－120°位置的 0.7MPa 左右近似线性地降至－45°位置接近于 0MPa 的水平，总体看，钢衬受力类似如 7.1.2 节提到的两端"支撑"状态，蜗壳内水压力的外传路径比较集中，不利于组合结构联合受力。

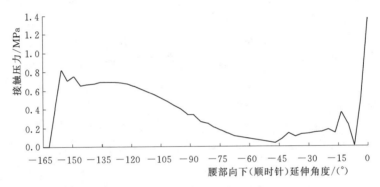

图 7.6　垫层失效时腰线以下钢衬-混凝土间的接触压力分布

　　以上分析说明，垫层材料的压缩特性对钢衬-混凝土间接触状态的影响是比较敏感的。在结构设计过程中，确定垫层刚度除需考虑常规因素外，还宜考虑垫层刚度的潜在变化对于混凝土嵌固作用的影响；在无法确定垫层材料流变特性的情况下，适当考虑垫层材料的刚度折减对保证机组的稳定运行是有益的。

7.4　钢板焊缝构造对接触传力行为的影响

7.4.1　问题的描述

　　7.3 节的研究表明，垫层蜗壳结构中钢衬与混凝土之间存在较为明显的相对滑移，此种力学现象源于垫层的介入显著改变了混凝土对钢衬周向包裹刚度的分布状态，是钢衬受荷后的自然调整响应，同时也会对钢衬-混凝土间的接触传力行为产生重要影响。遗憾的是，当前对于蜗壳结构的有限元数值建模一般均不考虑钢衬的实际空间板厚，而是采用平面壳单元简化描述。此种简化导致钢蜗壳-混凝土间的非平滑接触面无法在数值模型中得到考虑。该问题对于切向滑移行为不显著的充水保压和直埋蜗壳结构的模拟影响不大，但对于垫层蜗壳结构，忽略接触面的非平滑特点势必会在一定程度上影响到其中滑移行为的模拟，进而影响对钢衬-混凝土间接触传力行为的预测。

对于大中型水电站，钢蜗壳一般在现场制造安装，由瓦片拼成单节，再由单节对装成管节，最后按照对称挂装原则完成整体结构安装[95]。为优化结构受力，充分发挥板材的承载能力，根据钢蜗壳在子午断面内的受力分布特点，一个单节通常由不同厚度的瓦片焊接而成，见图 7.7，其中从上下碟形边向腰线依次减薄，即 $t_3 > t_2 > t_1$。当对接钢板的厚度差较大时，为减缓荷载作用下焊缝处的应力集中程度，一般需对厚板边缘进行削薄处理。根据不同结构的受力特点和应用场合，不同规范对于削坡的局部

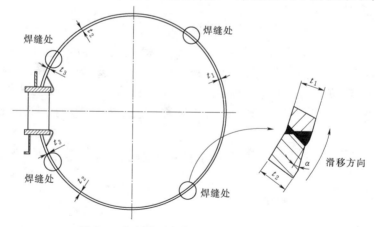

图 7.7　钢蜗壳子午断面内的典型焊接情况

构造要求也有所不同，一般是给出坡度的上限值。例如对于普通钢结构，相关规范[96]要求削坡的坡度不大于 1：2.5，而对于压力容器，相关规范[97]的要求更为严格，规定削坡的坡度不大于 1：3。

由图 7.7 可以看出，焊缝处的削坡构造使得钢衬与混凝土的接触面在钢板厚度过渡处出现"台阶"。在内水压力作用下，下半部钢衬出现向上滑移的趋势时，"台阶"会对钢衬的潜在滑移行为产生一定的阻滞作用，即钢衬的滑移在克服接触面上切向摩擦作用的同时，还要克服"台阶"处一定的法向阻力。当前常用的基于平面壳单元描述钢衬的简化方法无法考虑"台阶"处的这种阻滞作用，因而在此前提下计算得到的下半部钢衬向上的滑移量可能偏大；根据 7.3 节的研究结论可以进一步推断，钢衬与混凝土之间的接触传力作用可能会被低估，即有关混凝土应力水平的预测会偏小，这将给混凝土结构带来安全隐患。

基于上述认识，工程师需要关注的是在采用壳单元描述钢衬的简化前提下，其对钢衬滑移量及混凝土应力水平预测结果的影响程度究竟有多大，以此指导后期垫层蜗壳结构设计中有限元计算成果的使用；从应用基础研究的角度看，阐明这种影响程度的大小是澄清有关钢衬模拟单元选择问题的基础。

7.4.2　有限元建模及计算条件

本节依然选取图 5.1 中的 ＋X 子午断面作为研究对象，该断面钢衬的半径为 3373mm，从上下碟形边向腰线的钢板厚度依次为 $t_3=100mm$、$t_2=68mm$ 和 $t_1=47mm$；钢板厚度过渡处削坡 α 为 15°，折合坡度约为 1：3.732。

在 ABAQUS 平台上分别采用壳单元（模型 S）和实体单元（模型 C）描述钢衬，并建立相应的平面轴对称有限元模型，见图 7.8。模型 S 中钢衬采用 SAX1 模拟，模型 C 中钢衬采用 CAX4 模拟（图 7.8 中灰色单元所示）。有关其他模型信息、计算参数、荷载和边界条件等详见 5.3～5.5 节的描述。

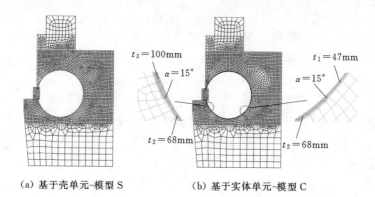

（a）基于壳单元-模型 S   （b）基于实体单元-模型 C

图 7.8 基于不同单元类型描述钢衬的有限元模型

本节的有限元计算对两者之间的摩擦系数 μ 取 0.2、0.4 和 0.6 三种情况，以全面说明不同 μ 值条件下非平滑接触面如何影响钢衬-混凝土间的滑移及传力行为。

7.4.3 混凝土损伤

钢衬周围混凝土的损伤程度和分布是两者之间传力大小及路径的直观体现，也是结构设计实践中最受关注的问题之一，不同 μ 值条件下模型 S 和模型 C 的混凝土损伤情况分别见图 7.9 和图 7.10。为方便结果对比，各图中均将损伤值 $d < 0.001$ 的区域显示为白色，其余部分随 d 的增大逐渐加深。

对比图 7.9 和图 7.10 可以看出，基于两种模型计算得到的混凝土损伤随 μ 值增大而加剧的总体规律是一致的，损伤区的分布也基本相似；但存在一处明显差异，即模型 C 中混凝土腰部以下约 45°处（钢板厚度过渡处）附近出现了一定程度的损伤，这在模型 S 中是不存在的。由该差异可以推测，钢衬下半部 t_2 和 t_1 钢板焊缝附近应是除腰部外蜗壳内水压力外传的另一条集中路径，由此造成了混凝土的局部应力集中并产生损伤，这一传力特点在未考虑钢衬实际板厚的模型 S 中无法得到体现。

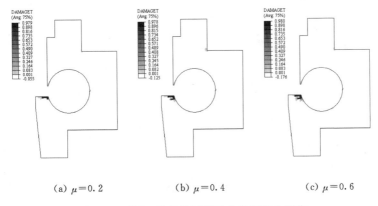

（a）$\mu=0.2$ （b）$\mu=0.4$ （c）$\mu=0.6$

图 7.9　不同 μ 值条件下模型 S 的混凝土损伤

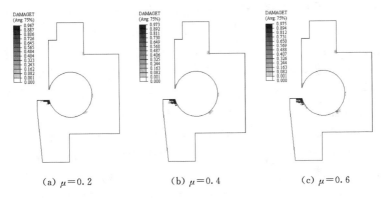

（a）$\mu=0.2$ （b）$\mu=0.4$ （c）$\mu=0.6$

图 7.10　不同 μ 值条件下模型 C 的混凝土损伤

7.4.4　钢衬的滑移

内水压力作用下钢衬下半部紧贴混凝土内表面的向上滑移是其对上下差异明显的包裹作用的力学响应行为，钢衬自身的滑移也在影响其与混凝土之间的接触传力行为。有关滑移的计算结果见图 7.11，其中以逆时针方向为正（见图 7.7 示意的滑移方向为正）。

基于两种模型计算得到的钢衬下半部总体滑移趋势是一致

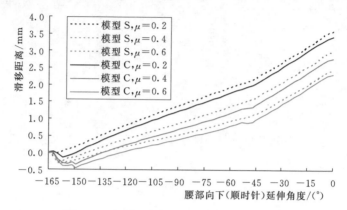

图 7.11　钢衬下半部沿混凝土内表面的滑移

的，μ 值越小，滑移越明显，即钢衬变形承载越充分，这可以解释图 7.9 和图 7.10 中较小的 μ 值为何对应较低程度的混凝土损伤。钢衬滑移在 $-45°\sim0°$ 区间内的增加梯度相对较大，这应归因于此范围内钢衬的厚度较小。相同 μ 值条件下，模型 C 计算得到的滑移距离小于模型 S，峰值差距接近 7%，说明钢衬下半部外表面的削坡构造对其向上滑移的阻滞作用是较为明显的。当 μ 为 0.4 和 0.6 时，模型 C 中钢衬向上的滑移在 $-45°$ 处出现了明显的停滞现象，说明在较大的摩擦作用下此处的削坡抑制了钢衬的滑移行为，随之可以推断此处应是内水压力外传较为集中的区域，这与图 7.10 中该处的混凝土局部损伤现象是相对应的。

需要特别说明，在靠近座环下环板（$-165°$处）的区域，滑移的负值表示此处钢衬相对于混凝土的位移向上（顺时针），这是由于在座环固定导叶向上的变形牵拉作用下，此处的混凝土出现了明显损伤（见图 7.9 和图 7.10），并伴随较大的竖向拉伸塑性变形；在此条件下，处于弹性阶段的钢衬受座环结构向上的牵拉作用相对于混凝土向上（顺时针）滑移。

7.4.5　钢衬-混凝土间的传力

钢衬与混凝土之间的传力包括法向挤压和切向摩擦等两种形

式，其中法向挤压占主导作用，其决定了子午断面内混凝土的环向拉应力水平，因而是结构配筋设计最为关注的问题。两者之间法向挤压作用的强弱可以用混凝土内表面法向压应力的大小描述，图 7.12 给出了不同 μ 值条件下基于两种模型计算得到的下半部混凝土内表面的法向压应力对比。同时，为说明问题的方便和直观，图 7.13 以 $\mu=0.2$ 的情况为例，给出了基于模型 C 计算得到的压应力突变点在结构中的具体位置。

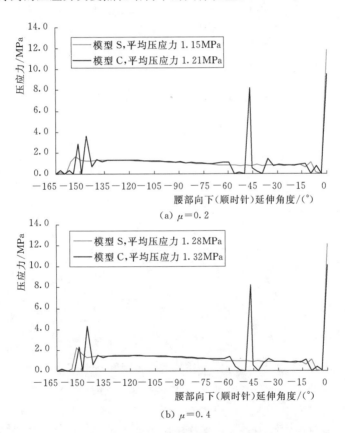

图 7.12（一）　不同 μ 值条件下下半部混凝土内表面的法向压应力

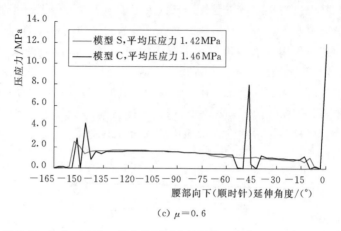

(c) $\mu=0.6$

图 7.12（二） 不同 μ 值条件下下半部混凝土内表面的法向压应力

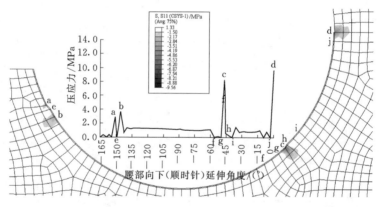

图 7.13 $\mu=0.2$ 时模型 C 中混凝土内表面压应力突变点的位置示意

由图 7.12 可以看出，相同 μ 值条件下基于两种模型计算得到的压应力分布在平滑接触区非常接近，模型 C 由于考虑了接触面的非平滑特点，压应力在 $-150°$ 和 $-45°$ 两处削坡的附近出现了明显的突变现象。从平均压应力看，相同 μ 值条件下模型 C 的计算结果稍高，说明削坡构造在抑制了钢衬向上滑移的同时，也在一定程度上提高了钢衬与混凝土之间的传力水平，但提高的比例不大（5%以内）。因此可以认为接触面的非平滑特点更多影响的是内水压力外传的路径分布，对于外传整体水平的提高程度并不明显。另外，随 μ 值增大内水压力的外传水平提高是明显的，这给 7.4.3 节提到的混凝土损伤随 μ 值增大而加剧的规律提供了有力的解释。

7.3 节的计算结果表明，座环下环板和腰线附近是蜗壳内水压力外传的两条集中路径，此时钢衬的下半部类似于两端"支撑"受力状态。对比两种模型的压应力分布可以发现，考虑接触面的非平滑特点时，钢衬受到的两端"支撑"作用依然存在，腰线侧在 d 点（图 7.13）的法向传力作用明显，同时在与其相邻的 j 点压应力突降为 0，说明局部可能存在脱空现象，有关此种现象的详细描述参见 7.3.4 节和文献［41］。两种模型计算结果的区别在于，考虑接触面的非平滑特点后，座环侧的内水压力不再是从一点集中传出，而是分散为相距不远的 a 和 b 两点，同时两点之间的坡顶处 e 点出现局部脱空区。7.4.4 节已经提到，靠近座环下环板区域的钢衬相对于混凝土存在向上（顺时针）的滑移，正是此种相对位移造成钢衬与混凝土在 e 点分离，从而形成局部脱空区。总体而言，座环下环板附近的削坡构造导致该局部区域钢衬与混凝土的接触状态出现突变现象，由此破坏了该区域传力的连续性。

除 −150°处之外，两种模型计算结果的另一明显区别出现在 −45°处附近。由图 7.11 可以看出，−45°处钢衬相对于混凝土存在向上（逆时针）的滑移趋势，这一相对运动趋势与此处的坡向（h–c 方向）相反，即钢衬的滑移指向"爬坡"方向，故模型 C 在考虑了此处的削坡构造后，坡脚处 c 点出现了集中传力路径。可以说图 7.11 中 −45°处相对滑移的停滞现象是该处集中传力的直接解释，也随之导致了图 7.10 中该处混凝土的局部损伤。钢衬沿 c–h 方向"爬坡"时，会造成削坡附近钢衬与混凝土局部范围存在法向分离的趋势，这即是 h–i 段和 f–g 段接触压力较小或为 0 的原因。

由于本节计算对于混凝土本构关系的描述是基于标量损伤理论，即假定材料弹性刚度降低是各向同性的。当混凝土由于环向拉应力过大出现局部损伤后，损伤区域的环向刚度与径向刚度同时降低，后者的降低导致计算得到的局部压应变较大，这即是混凝土内表面局部损伤严重部位的计算压应力高出内水压力 2.76MPa 较多（对比图 7.10 和图 7.12）的原因。实际情况下，混凝土的环向开裂并不会过多降低相关区域的径向刚度，因而图 7.12 中压应力突变处较大的计算结果与实际传力水平相比可能偏大，这也是本节基于标量损伤理论计算的不足之处。

7.5 本章小结

在水电站钢蜗壳-软垫层-混凝土三元组合发电结构中，削弱混凝土对钢衬的包裹和嵌固作用的静力结构性因素主要包括 3 方面：①钢衬-混凝土间较小的摩擦系数；②子午断面内垫层较大的铺设包角；③垫层较小的压缩刚度。有限元参数分析表明，摩擦系数和垫层铺设包角在常规工程取值范围内的变化不会对钢衬-混凝土间的接触状态产生质的影响，并且这两个因素在工程实践中是相对容易控制的，因此厂房机电设计方不必过于担心由这两个因素引起的钢衬-混凝土间的潜在脱空问题。相比于前两个因素，垫层压缩刚度对钢衬-混凝土间接触状态的影响更为敏感。

大中型水电站的钢蜗壳通常由不同厚度的钢板焊接而成，由于焊缝处削坡构造的存在，钢衬与混凝土的接触面具有非平滑的特点。由于在子午断面内钢衬从上下碟形边向腰线依次减薄，因而垫层蜗壳结构中下半部钢衬向腰线端的滑移会受到削坡构造的阻滞作用，宏观上体现为混凝土对钢衬嵌固作用的加强。当钢衬沿混凝土内表面的不平滑区域（削坡构造附近）切向滑移时，两者之间会在一定程度上出现法向相对运动（趋势），随之不平滑区域内两者法向挤压作用的强度分布会发生突变，致使削坡构造附近交替出现局部脱空区和集中传力区。在考虑了接触面的非平滑特点后，钢衬与混凝土之间传力水平的提高并不明显（5％以内），说明当前采用壳单元描述钢衬的常用简化处理方式对于结构设计是适宜的。

第8章

结　　语

8.1　主要的研究成果和新认识

　　本书以我国水电站工程实践中广泛应用的垫层蜗壳组合结构为对象,针对其在内水压力作用下的结构受力表现及调控问题,围绕近年来关于垫层蜗壳的三个焦点开展了相关的应用基础研究和应用研究工作,取得的主要研究成果和新认识总结如下:

　　(1)垫层的适宜平面铺设范围。直埋-垫层组合型式蜗壳作为传统垫层蜗壳的一种技术延伸与发展,其核心设计思想是通过合理设置垫层的铺设范围尤其是其平面铺设范围,达到调控钢蜗壳-混凝土组合结构受力状态的目的。传统的蜗壳结构设计主要关注的是混凝土的限裂及机墩结构的不均匀上抬问题,近年来随着工程界对蜗壳结构的重视程度和认识水平的提高,座环的变形、抗剪及流道的受扭等问题也逐渐被纳入蜗壳结构设计的考虑因素范围,由此也给蜗壳结构受力调控提出了更高的要求。软垫层夹于钢蜗壳和混凝土之间的结构作用实质是通过其自身的压缩变形改变钢蜗壳外部的结构刚度分布,以此调控内水压力通过钢蜗壳向外围混凝土传递的比例与路径。本书的研究表明,座环作为机组的承重构件之一,其变形和抗剪问题应成为垫层蜗壳结构设计的主要考虑因素,上述有关水电站厂房"结构安全"和"发电安全"的各项因素对垫层适宜平面铺设范围的要求无法完全统一，设计实践中应针对不同工程的特点区分结构的主要矛盾和次要矛盾，确定相对合理的垫层平面铺设范围。

（2）垫层材料的压缩特性。垫层作为钢蜗壳与混凝土之间的传力媒介，掌握其自身的物理压缩力学特性是发挥其调控蜗壳内水压力外传作用的基本前提。然而，受限于对垫层材料压缩力学性能认知的不足，实践中对其进行线弹性假定的简化做法一直沿用至今，已在一定程度上限制了蜗壳结构受力调控技术的发展，阻碍了直埋-垫层组合型式蜗壳的推广应用。本书首先通过物理试验手段，研究了聚氨酯软木与聚乙烯闭孔泡沫等两种常用的水电站蜗壳垫层材料的压缩-回弹响应行为，阐明了两种材料非线性、不可逆的压缩特性。而后在非线性有限元分析平台ABAQUS 上分别基于 HYPERFOAM＋MULLINS EFFECT 模型和软接触关系等两种数值模拟技术，成功模拟了单次加-卸压循环中材料的应力-应变响应关系。前者的优势在于有关模型参数可以通过 UNIAXIAL TEST DATA 选项结合垫层压缩试验数据方便地定义，并能考虑材料的滞回特性；后者则可以从几何建模和力学描述等两方面简化蜗壳结构中垫层的模拟过程，针对垫层厚度的参数分析以及材料非弹性压缩特性的数值描述有明显优势。有关拉西瓦水电站垫层蜗壳结构的实例研究表明，垫层材料的非线性应力-应变关系对蜗壳内水压力的外传及组合结构的响应有较为明显的影响，设计中应适当考虑。

（3）钢蜗壳-混凝土间的接触传力。蜗壳结构作为一种钢-混凝土组合结构，其两种材质构件之间的接触传力行为在很大程度上决定了结构整体的受力表现。垫层的介入改变了钢蜗壳与混凝土之间的接触传力方式，组合结构的整体性相应受到影响，其中最受工程界关注的是钢蜗壳与混凝土之间潜在的脱空问题。本书通过建立钢蜗壳下半部薄壁结构的半圆筒简化受力分析模型，定性分析得到了引起钢蜗壳与混凝土之间出现脱空现象的两个关键影响因素，随后通过有限元计算定量分析揭示了三个可能削弱混凝土对钢蜗壳包裹和嵌固作用的结构性因素：①钢衬-混凝土间较小的摩擦系数；②子午断面内垫层较大的铺设包角；③垫层较小的压缩刚度。参数分析表明，相比于前两者，垫层压缩刚度对钢衬-混凝土间接触状态的影响相对最为敏感，考虑到当前有关垫层材料流变特性（耐久性）的研究尚无定论，因而工程实践中应尤其重视垫层材料物理力学性质的改变对钢蜗壳-混凝土间接触状态的影响问题。另外，在考虑了由不同厚度钢板之间焊缝引起的钢蜗壳-混凝土非平滑接触面后，后者对前者的嵌固作用加强，两者之间的传力水平有一定提高，但不明显（5%以内），由此说明当前惯用的采用壳单元描述钢衬的简化处理方式对于蜗壳结构设计是可接受的。

8.2　值得进一步研究的内容

垫层蜗壳作为一种传统的蜗壳结构型式，由于其施工过程相对简单，垫层的"减力"或"传力"机制较为明确，便于设计实践中的操作，因而一直以来都是我国水电工程师比较偏好的蜗壳埋设技术。近年来，随着直埋-垫层组合型式蜗壳被创造性地提出，垫层蜗壳的技术内涵得到了重要延伸，相关设计理念也随之发生了明显转变，由此也衍生出了众多新问题。本书围绕着垫层平面铺设范围的选取、垫层材料的压缩特性及钢蜗壳-混凝土的接触传力 3 个问题，开展了一系列相对基础性的工作，取得了一些新认识。作者期望本书的相关初步成果能够给工程师的垫层蜗壳结构设计工作提供一定的技术参考；同时，作者也认识到，随着直埋-垫层组合型式蜗壳的快速发展及蜗壳结构受力调控设计新理念在行业内逐渐被接受，本书所取得的初步成果离工程实践层面的需求还存在相当差距，围绕上述 3 方面还有以下工作值得进一步开展：

（1）座环的抗剪性能指标。近年来随着直埋-垫层组合型式蜗壳的实践发展，由蜗壳不平衡水推力引起的座环受剪问题越来越受到工程界的关注。经过国内同行的持续研究和联合推动，迄今行业内对于座环的受剪问题已取得了一些初步共识,例如垫层平面铺设末端设置在 $135°\sim225°$ 断面之间时座环承受的剪力相对较大。可以说迄今工程界已基本澄清了座环受剪的力学来源,初步掌握了座环受剪大小与方向随垫层平面铺设末端延伸的变化规律,但对此种剪力在座环环板与混凝土之间的传递机制并无深入认识;在工程实践中只是能够给出座环承受的剪力大小、合力方向及其所占不平衡水推力的比例,但对于座环究竟能够承受多大的剪力、其抗剪能力与哪些结构性因素有关等问题尚无明确认识,即行业内还未就座环的抗剪性能指标问题达成共识。鉴于此,作者建议应尽早开展座环受剪传力机制方面的基础性研究工作,阐明影响座环抗剪性能的结构性因素,在此基础上提出座环的抗剪性能指标。澄清该问题可以为直埋-垫层组合型式蜗壳结构设计中控制性因素的选取提供科学依据。

(2)垫层材料的流变性能及耐久性。本书第 4 章的试验工作主要研究的是较小的时间尺度范围内垫层材料的非线性、不可逆的压缩特性,但水电站实际运行年限多在几十年以上,伴随着电站运行期内钢蜗壳的充-放水过程,垫层会经历成百上千次的加-卸压循环荷载作用。在如此长的时间尺度下,垫层材料潜在的流变性能及耐久性一直是设计者担心的重要技术问题。无论是垫层材料的蠕变或应力松弛现象,还是由其理化特性变化引起的材料耐久性问题,最终都会导致垫层传力刚度的衰减与退化,从而弱化混凝土的包裹作用,这也是机电设计方不太接受垫层蜗壳埋设技术的一个主要原因,此问题也是一直以来制约垫层蜗壳结构发展与推广的关键技术因素。因此,从保证钢蜗壳-混凝土组合结构的整体性看,垫层在长时间尺度下的流变现象和耐久性等材料力学特性是亟待澄清的基础性问题。

(3)钢蜗壳-混凝土间的摩擦系数。本书第 7 章的研究表明,钢蜗壳-混凝土之间的摩擦系数是影响两者接触状态的关键参数,较小的摩擦系数是削弱混凝土对钢蜗壳包裹作用的重要因素之一。然而,设计实践中,对于钢蜗壳-混凝土间摩擦系数的取值并未受到应有的重视,《水电站厂房设计规范》[84-85]对此也无明确规定或推荐,因此多数情况还是依据工程经验或惯例取值。上述情况的存在一方面是由于工程界对钢蜗壳-混凝土之间接触摩擦问题的重视程度不够,另一方面也是源于有关试验成果依据的匮乏。实际上,如7.1.4节所述,历史上已有一些经典的文献对钢-混凝土之间的摩擦系数开展了测定工作[90-91],但这些工作主要针对的是常规钢-混凝土组合结构,相关成果对于蜗壳结构的参考作用有限。考虑到当前工程实践中各方对于钢蜗壳外表面的处理方式并无统一标准,因而作者建议应开展钢板不同表面处理条件下与混凝土间摩擦系数的测定工作,发展相关标准化的参数测定试验方法,为钢蜗壳-混凝土间摩擦系数的合理取值提供科学依据。该问题的澄清有助于提升蜗壳组合结构力学表现的预测水平,推动蜗壳结构受力调控技术的发展。

最后需要指出,水电站蜗壳结构工程实践发展至今,工程师对其设计要求已提升至"结构受力调控"的水平,而直埋-垫层组合型式蜗壳的提出给实现上述目标提供了可行的技术手段。过往研究已在一定程度上揭示了垫层的材料和空间属性对蜗壳结构受力表现的影响规律,可以说通过调整垫层的设置方案控制蜗壳内水压力外传的比例和路径,从而实现"结构受力调控"的前提条件已经初步具备。基于此,未来的研究更应强调"结构调控"的理念,视垫层为"控制工具",深入挖掘垫层材料属性和空间属性对蜗壳结构受力特性影响的差异性和互补性,基于互补性"耦合"两者,以全新的视角看待垫层的作用,重新审视目前水电站蜗壳结构研究存在的问题,探求调控蜗壳结构受力表现的理论与方法。这将把蜗壳结构的研究与实践水平推向新的高度,为水电站结构研究指明新的发展方向,推动水利水电工程学科的发展。

参 考 文 献

［1］ IHA Central Office. 2020 Hydropower Status Report［R］. London：International Hydropower Association，2020.

［2］ 伍鹤皋，马善定，秦继章. 大型水电站蜗壳结构设计理论与工程实践［M］. 北京：科学出版社，2009.

［3］ 郑守仁，钮新强. 三峡工程建筑物设计关键技术问题研究与实践［J］. 中国工程科学，2011，13（7）：20-27.

［4］ 袁达夫，谢红兵. 大型混流式水轮机蜗壳的埋设方式［J］. 人民长江，2009，40（16）：37-39.

［5］ 袁达夫. 重大水电工程机电设计进步与创新［J］. 人民长江，2010，41（4）：65-72.

［6］ 周述达，谢红兵. 三峡工程电站设计［J］. 中国工程科学，2011，13（7）：78-84.

［7］ 阿辛比尔格 В И，阿尔希波夫 А М. 钢衬钢筋混凝土蜗壳研究［J］. 伍鹤皋，白建明，译. 水电站设计，1993，9（1）：87-88.

［8］ 阿列克桑德罗夫 В Г，阿尔希波夫 А М. 萨彦舒申斯克水电站水轮机机座的结构特点［J］. 刘正启，译. 水利水电快报，1999，20（12）：26-27.

［9］ KHALID S，RAO P V. Finite element analysis of power house substructures［J］. Journal of the Institution of Engineers（India）：Civil Engineering Division，1977，57（6）：328-334.

［10］ 黄家然. 碧口水电站厂房钢蜗壳和外围混凝土结构实测应力状态分析［J］. 西北水电，1982：58-64.

［11］ 黄家然，刘俊柏. 水电站厂房钢蜗壳及其外围混凝土的应力状态分析［J］. 华北水利水电学院学报，1983（1）：44-51.

［12］ 徐家诗，赵志仁. 安康水电站蜗壳外围混凝土结构设计与原型观测研究［J］. 水力发电，1995（9）：28-34.

［13］ 王法西. 水电站厂房蜗壳实测应力［J］. 人民黄河，1986（1）：46-48.

［14］ 经萱禄，张进平. 水电站蜗壳实测应力分析［J］. 水电自动化与大坝监测，1984（1）：3-10.

[15] 张玉美. 对蜗壳外包钢筋混凝土受力问题的探讨 [J]. 水利水电技术, 1993 (1): 27 - 30.

[16] 曹联刚. 座环、蜗壳、混凝土联合受力非线性三维有限元计算分析 [J]. 东方电机, 1995 (4): 4 - 11.

[17] 马震岳, 张运良, 陈婧, 等. 巨型水轮机蜗壳软垫层埋设方式可行性论证 [J]. 水力发电, 2006, 32 (1): 28 - 32.

[18] 申艳, 伍鹤皋, 蒋逯超. 大型水电站垫层蜗壳结构接触分析 [J]. 水力发电学报, 2006, 25 (5): 74 - 78.

[19] 伍鹤皋, 申艳, 蒋逯超, 等. 大型水电站垫层蜗壳结构仿真分析 [J]. 水力发电学报, 2007, 26 (2): 32 - 36.

[20] 欧阳金惠, 陈厚群, 张超然, 等. 基于接触单元的三峡电站厂房振动分析 [J]. 水力发电学报, 2008, 27 (5): 41 - 46.

[21] 王海军, 王日宣. 垫层蜗壳组合结构三维有限元分析 [A] // 中国水力发电工程学会电网调峰与抽水蓄能专委会 2008 年学术交流年会论文集. 北京: 中国电力出版社, 2008: 223 - 228.

[22] 于跃, 张启灵, 伍鹤皋. 水电站垫层蜗壳配筋计算 [J]. 天津大学学报, 2009, 42 (8): 673 - 677.

[23] 孙海清, 伍鹤皋, 郝军刚, 等. 接触滑移对不同埋设方式蜗壳结构应力的影响分析 [J]. 水利学报, 2010, 41 (5): 619 - 623.

[24] 赵有鑫. 金属蜗壳设置弹性软垫层的计算分析 [J]. 水利水电工程设计, 1995 (2): 42 - 49.

[25] 郭潇, 张志强, 于玉森, 等. 万家寨水电站蜗壳组合结构有限元分析 [J]. 水利水电工程设计, 1999 (4): 43 - 45.

[26] 付洪霞, 马震岳, 董毓新. 水电站蜗壳垫层结构研究 [J]. 水利学报, 2003 (6): 85 - 88.

[27] 张嘉, 简政, 罗士梅. 水轮机垫层蜗壳数值模拟研究 [J]. 水力发电, 2009, 35 (6): 50 - 52.

[28] 张杰, 兰道银, 何英杰. 三峡电站机组蜗壳直埋方案仿真模型试验研究 [J]. 长江科学院院报, 2007, 24 (1): 47 - 50.

[29] 伍鹤皋, 蒋逯超, 申艳, 等. 直埋式蜗壳三维非线性有限元静力计算 [J]. 水利学报, 2006, 37 (11): 1323 - 1328.

[30] 陈琴, 林绍忠, 苏海东. 大型机组直埋式蜗壳结构不同限裂措施的三维非线性分析 [J]. 长江科学院院报, 2008, 25 (6): 101 - 105.

[31] 张运良, 张存慧, 马震岳. 三峡水电站直埋式蜗壳结构的非线性分析 [J]. 水利学报, 2009, 40 (2): 220 - 225.

[32] 钮新强，谢红兵，刘志明. 三峡右岸电站蜗壳直埋方案研究 [J]. 人民长江，2008，39（1）：1-2.

[33] 姚栓喜，孙春华，王冬条. 关于水轮机蜗壳结构不平衡水推力初步研究 [J]. 西北水电，2010（5）：16-20.

[34] 刘波，伍鹤皋，薛鹏，等. 垫层铺设范围对水电站蜗壳受力特性的影响 [J]. 华中科技大学学报：自然科学版，2010，38（9）：120-124.

[35] 孙海清，伍鹤皋，李杰，等. 水电站蜗壳结构局部垫层平面设置范围探讨 [J]. 四川大学学报：工程科学版，2011，43（2）：39-44.

[36] 张宏战，姚栓喜，马震岳，等. 不平衡水推力下垫层蜗壳座环结构剪力特性分析 [J]. 大连理工大学学报，2013，53（4）：565-571.

[37] 傅丹，伍鹤皋，胡蕾，等. 水电站垫层蜗壳座环传力机理研究 [J]. 水力发电学报，2014，33（4）：196-201.

[38] 练继建，王海军，秦亮. 水电站厂房结构研究 [M]. 北京：中国水利水电出版社，2007.

[39] 甘启蒙. 聚氨酯软木垫层材料在水电站的应用 [J]. 水力发电，2008，34（12）：107-109.

[40] 甘启蒙. 聚氨酯软木垫层材料压缩模量的特性及影响因素 [J]. 水力发电，2010，36（5）：82-84.

[41] 徐远杰，高雅芬，艾红雷. 软垫层末端应力奇异性数值模拟 [J]. 水力发电学报，2005，24（5）：34-38.

[42] 张运良. 大型水电站蜗壳及厂房结构动力分析问题探讨 [J]. 水利水电科技进展，2010，30（6）：20-25.

[43] 黄源芳. 三峡工程水轮机几个重大技术问题的决策 [J]. 水力发电，1998，（4）：36-39.

[44] 姚栓喜，李洁，王冬条，等. 垫层蜗壳结构研究成果报告 [R]. 西安：中国水电顾问集团西北勘测设计研究院，2010.

[45] 严锦丽，徐志明. 水轮机座环与蜗壳结构刚强度静力分析 [J]. 水电站机电技术，2001（1）：12-13.

[46] 王芳，陈自力，韦泽兵，等. 水轮机座环蜗壳三维有限元分析 [J]. 华电技术，2008，30（11）：13-16.

[47] 钟苏，王德俊. 混流式水轮机蜗壳座环强度的主要影响因素分析 [J]. 水利水电技术，2004，35（12）：68-70.

[48] 庞立军，魏洪久. 水轮机蜗壳座环的应力分析与评定 [J]. 大电机技术，2008（5）：39-42.

[49] 陈浩亮. 大型混流式水轮机零部件——蜗壳座环的刚强度分析 [D].

沈阳：东北大学，2006.

[50] 傅丹，伍鹤皋，石长征. 水电站充水保压蜗壳接触行为及座环受力研究 [J]. 四川大学学报：工程科学版，2014，46（S2）：54-59.

[51] ABAQUS. Abaqus analysis user's manual [M]. Providence：Dassault Systèmes Simulia Corp. ，2010.

[52] 江见鲸，陆新征，叶列平. 混凝土结构有限元分析 [M]. 北京：清华大学出版社，2005.

[53] 中华人民共和国住房和城乡建设部. GB 50010—2010 混凝土结构设计规范 [S]. 北京：中国建筑工业出版社，2010.

[54] 魏立华. 回龙电站水泵水轮机蜗壳座环的设计 [J]. 电站系统工程，2008，24（3）：55-56.

[55] 曹大伟，黄年敏. 三峡电站右岸水轮机结构设计 [J]. 东方电机，2008（5）：30-34.

[56] 张运良，马震岳，程国瑞，等. 水轮机蜗壳不同埋设方式的流道结构刚强度分析 [J]. 水利学报，2006，37（10）：1206-1211.

[57] 谭恢村. 三峡右岸电站座环蜗壳的整体刚强度分析 [J]. 东方电机，2007（4）：9-14.

[58] 吴海林，杨威妮，张伟. 水电站压力管道取消伸缩节研究进展 [J]. 三峡大学学报：自然科学版，2009，31（3）：1-6.

[59] U. S. Army Corps of Engineers. EM 1110-2-3001 Planning and Design of Hydroelectric Power Plant Structures [S]. Washington DC：Department of the Army，1995.

[60] 王丹，杨建东，高志芹. 导叶开启时间对水电站过渡过程的影响 [J]. 水利学报，2005，36（1）：120-124.

[61] ZHANG C，ZHANG Y. Nonlinear dynamic analysis of the Three Gorge Project powerhouse excited by pressure fluctuation [J]. Journal of Zhejiang University SCIENCE A，2009，10（9）：1231-1240.

[62] WEI S，ZHANG L. Vibration analysis of hydropower house based on fluid-structure coupling numerical method [J]. Water Science and Engineering，2010，3（1）：75-84.

[63] 卢子兴，李怀祥，田常津，等. 不同载荷作用下泡沫塑料的变形和失效机理分析 [J]. 塑料，1996，25（2）：38-41.

[64] HAWKINS M C，O'TOOLE B，JACKOVICH D. Cell morphology and mechanical properties of rigid polyurethane foam [J]. Journal of Cellular Plastics，2005，41（3）：267-285.

[65] SHIVAKUMAR N D，DEB A，CHAUDHARY A. An experimental study on mechanical behavior and microstructures of polyurethane foams for design applications [J]. International Journal of Aerospace Innovations，2011，3（3）：163-169.

[66] SHEN Y，GOLNARAGHI F，PLUMTREE A. Modelling compressive cyclic stress - strain behaviour of structural foam [J]. International Journal of Fatigue，2001，23（6）：491-497.

[67] 束立红，何琳，王宇飞，等. 聚氨酯隔振器非线性力学模型与特性研究 [J]. 振动工程学报，2010，23（5）：530-536.

[68] 伊哈卜，谢永利，赵丽娅. 聚苯乙烯泡沫塑料减荷力学性能试验 [J]. 长安大学学报：自然科学版，2010，30（3）：18-23.

[69] KREMPL E，KHAN F. Rate（time）-dependent deformation behavior：an overview of some properties of metals and solid polymers [J]. International Journal of Plasticity，2003，19（7）：1069-1095.

[70] NÓVOA P J R O，RIBEIRO M C S，FERREIRA A J M，et al. Mechanical characterization of lightweight polymer mortar modified with cork granulates [J]. Composites Science and Technology，2004，64（13-14）：2197-2205.

[71] 李胜军，李振富，王日宣. 设有垫层的水电站蜗壳结构联合承载分析 [J]. 水力发电学报，1998（4）：21-30.

[72] 卢珊珊，刘晓青，赵兰浩，等. 水电站钢蜗壳垫层厚度对应力的影响分析 [J]. 水电能源科学，2011，29（2）：59-61.

[73] TRIANTAFILLOU T C，GIBSON L J. Constitutive modeling of elastic -plastic open - cell foams [J]. Journal of Engineering Mechanics，1990，116（12）：2772-2778.

[74] OGDEN R W，ROXBURGH D G. A pseudo - elastic model for the Mullins effect in filled rubber [J]. Proceedings of the Royal Society of London Series A，1999，455（1988）：2861-2877.

[75] KRISHNASWAMY S，BEATTY M F. The Mullins effect in compressible solids [J]. International Journal of Engineering Science，2000，38（13）：1397-1414.

[76] GILCHRIST A，MILLS N J. Impact deformation of rigid polymeric foams：experiments and FEA modelling [J]. International Journal of Impact Engineering，2001，25（8）：767-786.

[77] RIZOV V. Indentation of foam - based polymer composite sandwich

beams and panels under static loading [J]. Journal of Materials Engineering and Performance, 2009, 18 (4): 351-360.

[78] PITARRESI G, AMORIM J. Indentation of rigidly supported sandwich beams with foam cores exhibiting non-linear compressive behaviour [J]. Journal of Sandwich Structures and Materials, 2011, 13 (5): 605-636.

[79] 卢子兴, 陈鑫, 张家雷. 各向异性弹性开孔泡沫压缩行为的数值模拟 [J]. 北京航空航天大学学报, 2008, 34 (5): 564-567.

[80] LU Z, HUANG J, CHEN X. Analysis and simulation of high strain compression of anisotropic open-cell elastic foams [J]. Science China Technological Sciences, 2010, 53 (3): 863-869.

[81] FISCHER F, LIM G T, HANDGE U A, et al. Numerical simulation of mechanical properties of cellular materials using computed tomography analysis [J]. Journal of Cellular Plastics, 2009, 45 (5): 441-460.

[82] 阎力. 龙羊峡水电站钢蜗壳与钢筋混凝土联合承载试验应力浅析 [J]. 西北水电, 1991 (4): 40-47.

[83] 阎力. 水电站钢蜗壳与钢筋混凝土联合承载结构试验研究 [J]. 水利学报, 1995 (1): 57-62.

[84] 中华人民共和国水利部. SL 266—2014 水电站厂房设计规范 [S]. 北京: 中国水利水电出版社, 2014.

[85] 中华人民共和国国家能源局. NB/T 35011—2013 水电站厂房设计规范 [S]. 北京: 中国电力出版社, 2013.

[86] FERRER M, MARIMON F, CRISINEL M. Designing cold-formed steel sheets for composite slabs: An experimentally validated FEM approach to slip failure mechanics [J]. Thin-Walled Structures, 2006, 44 (12): 1261-1271.

[87] 张运良, 韩涛, 张存慧, 等. 溪洛渡水电站蜗壳垫层几何参数的选择 [J]. 水力发电, 2011, 37 (9): 58-60.

[88] 聂金育, 伍鹤皋, 张启灵, 等. 管道过缝结构对垫层蜗壳的影响研究 [J]. 水力发电学报, 2012, 31 (2): 192-197.

[89] 中华人民共和国水利部. SL 281—2003 水电站压力钢管设计规范 [S]. 北京: 中国水利水电出版社, 2003.

[90] RABBAT B G, RUSSELL H G. Friction coefficient of steel on concrete or grout [J]. Journal of Structural Engineering, 1985,

111（3）：505-515.

[91] BALTAY P，GJELSVIK A. Coefficient of friction for steel on concrete at high normal stress [J]. Journal of Materials in Civil Engineering，1990，2（1）：46-49.

[92] 蒋逯超. 三峡水电站厂房完全联合承载蜗壳结构研究 [D]. 武汉：武汉大学，2007.

[93] 何勇. 瀑布沟水电站厂房充水保压蜗壳结构特性研究 [D]. 武汉：武汉大学，2009.

[94] ZHANG Q，WU H. Sliding behaviour of steel liners on surrounding concrete in c-cross-sections of spiral case structures [J]. Structural Engineering International，2016，26（4）：333-340.

[95] 中华人民共和国国家能源局. DL/T 5070—2012 水轮机金属蜗壳现场制造安装及焊接工艺导则 [S]. 北京：中国电力出版社，2012.

[96] 中华人民共和国住房和城乡建设部. GB 50017—2017 钢结构设计标准 [S]. 北京：中国建筑工业出版社，2017.

[97] 中华人民共和国国家质量监督检验检疫总局. GB 150.4—2011 压力容器 第4部分：制造、检验和验收 [S]. 北京：中国质检出版社，2012.